2022

中国生态环境统计年报

ANNUAL STATISTIC REPORT ON
ECOLOGY AND ENVIRONMENT IN CHINA

中华人民共和国生态环境部　编
MINISTRY OF ECOLOGY AND ENVIRONMENT
OF THE PEOPLE'S REPUBLIC OF CHINA

中国环境出版集团·北京

图书在版编目（CIP）数据

中国生态环境统计年报. 2022 /中华人民共和国生态环境部
编.—北京：中国环境出版集团，2023.12
　　ISBN 978-7-5111-5767-6

　　Ⅰ. ①中… Ⅱ. ①中… Ⅲ. ①环境统计－统计资料－
中国—2022—年报 Ⅳ. ①X508.2-54

　　中国国家版本馆 CIP 数据核字（2023）第 254793 号

出 版 人　武德凯
责任编辑　殷玉婷
封面设计　彭　杉

出版发行　中国环境出版集团
　　　　　（100062　北京市东城区广渠门内大街 16 号）
　　　　　网　　　址：http://www.cesp.com.cn
　　　　　电子邮箱：bjgl@cesp.com.cn
　　　　　联系电话：010-67112765（编辑管理部）
　　　　　发行热线：010-67125803，010-67113405（传真）
印　　刷　北京中科印刷有限公司
经　　销　各地新华书店
版　　次　2023 年 12 月第 1 版
印　　次　2023 年 12 月第 1 次印刷
开　　本　880×1230　1/16
印　　张　11
字　　数　240 千字
定　　价　150.00 元

中国环境出版集团郑重承诺：
中国环境出版集团合作的印刷单位、材料单位均具有中国环境标志产品认证。

编 委 会

《中国生态环境统计年报 2022》

主　任　赵英民

副主任　孙守亮　张大伟　刘　锋　郭从容

编　委　（以姓氏笔画为序）

马广文　王　欣　王　鑫　王子莘　石　峰　吕　卓　刘元生

刘筱璇　李　曼　杨　露　吴大千　何立环　张　震　张凤英

林兰钰　周　密　赵文江　赵银慧　胡　明　姜　阳　凌小涵

黄　淼　黄志辉　韩孝成　董广霞　臧春鑫　戴欣晔　魏彦昌

主　编　刘　锋　郭从容

副主编　韩孝成　何立环　石　峰　马广文　董广霞　张　震

编　辑　（以姓氏笔画为序）

马烈娟　王　克　王　健　王　营　王　爽　王　勤　王文玲

王丽娟　王国闯　王晓桢　王海林　韦和章　文　帅　方　奕

邓　岳　邓文彬　卢兰双　白　金　白海强　吕　丹　朱文霞

任　勇　刘　芳　刘　佳　刘　超　刘继莉　刘源源　孙　昊

孙　晔　孙　睿　杜欣荣　苏海燕　李　三　李　萍　李小玲

李玉华　李龙霄　李经纬　李晓雨　李晓曼　杨　扬　杨　帆

杨　芳　杨　斌　杨小红　肖　宁　吴转璋　吴湘涟　何　明

何　涛　邱　文　余淑娟　汪新华　宋亚雄　宋国龙　张　月

张孝棋　张晓峰　陈　洋　陈　静　陈　蕊　陈　鑫　陈丽琼

陈武权　陈勇民　纳　静　林志凌　金　倩　金　焰　周艳青

胡　利　胡　婷　胡荣国　赵国斌　俞　鹏　施　磊　贾　曼

贾午耀　夏　春　铁　程　徐　杨　郭　琦　唐天征　黄　磊

符致钦　葛　毅　蒋小兰　锁玉琴　曾咏发　曾艳华　谢　晔

蔡銮琳　谭海涛　黎慧卉

各章主要编写作者

综　述　　　　　　　　　　　　　　　　　　　董广霞　杨　露

1　调查对象　　　　　　　　　　　　　　　　　董广霞　杨　露

2　废水污染物　　　　　　　　　　　　　　　　张　震

3　废气污染物　　　　　　　　　　　　　　　　李　曼　张　震

4　工业固体废物、危险废物和化学品环境国际公约

管控物质生产或库存总体情况　　　　　　　　　吕　卓

5　污染治理设施　　　　　　　　　　　　　　　赵银慧　吕　卓

6　生态环境污染治理投资　　　　　　　　　　　李　曼

7　生态环境管理　　　　　　　　　　　　　　　王　鑫　张　震

8　辐射环境水平　　　　　　　　　　　　　　　王　蕾

9　各地区污染排放及治理统计　　　　　　　　　张　震

10　各工业行业污染排放及治理统计　　　　　　张　震

11　168个重点城市废气污染排放及治理统计　　　张　震

12　重点流域工业废水污染排放及治理统计　　　张　震

13　各地区生态环境管理统计　　　　　　　　　王　鑫

14　主要统计指标解释　　　　　　　　　　　　赵文江　杨　露

编者说明

一、本年报资料覆盖全国 31 个省（自治区、直辖市）和新疆生产建设兵团数据，未包括香港特别行政区、澳门特别行政区以及台湾省数据。

二、本年报主要反映全国污染物排放及治理、生态环境管理等情况。主要内容包括调查对象基本情况、废水污染物排放情况、废气污染物排放情况、工业固体废物和危险废物产生及处理情况、化学品环境国际公约管控物质生产或库存情况、污染治理设施运行情况、生态环境污染治理投资、生态环境管理和辐射环境水平等。

全国污染物排放及治理数据为 31 个省（自治区、直辖市）和新疆生产建设兵团的汇总数据（其中，新疆生产建设兵团数据汇总入新疆维吾尔自治区）；化学品环境国际公约管控物质生产或库存情况、生态环境管理、辐射环境水平内容由生态环境部相关职能部门提供。

三、调查范围和对象

1. 本年报所用排放源统计数据为《排放源统计调查制度》（国统制〔2021〕18 号）调查数据，其调查范围为各省（自治区、直辖市）辖区内参与统计调查的有污染物产生或排放的工业污染源（以下简称工业源）、农业污染源（以下简称农业源）、生活污染源（以下简称生活源）、集中式污染治理设施和移动源。自 2021 年度起，排放源统计数据依据《排放源统计调查产排污核算方法和系数手册》（生态环境部公告 2021 年第 24 号）进行核算。自 2020 年度起，挥发性有机物排放量为部分行业和领域的尝试性调查结果。

工业源调查对象为《国民经济行业分类》（GB/T 4754—2017）中采矿业，制造业，电力、热力、燃气及水的生产和供应业 3 个门类中纳入调查的工业企业（不含军队企业），分为重点调查对象和非重点调查单位。废水化学需氧量、氨氮、总氮和总磷排放量包含非重点调查单位，废水其他污染物排放量、废气污染物排放量、一般工业固体废物及工业危险废物产生及利用情况不包含非重点调查单位。

农业源调查对象为省级负责种植业、畜禽养殖业和水产养殖业排放源统计工作的部门，其中，畜禽养殖业包括生猪、奶牛、肉牛、蛋鸡、肉鸡五类畜种的规模化畜禽养殖场及规模以下畜禽养殖户。

生活源调查对象为地市级及省直管县级负责城乡居民生活及《国民经济行业分类》（GB/T 4754—2017）中第三产业排放源统计工作的部门，其中，生活源废气污染还包括工业源废气非重点调查单位。

集中式污染治理设施调查对象为污水处理厂、生活垃圾处理场（厂）、危险废物（医疗废物）集中处理厂。

移动源调查对象为省级负责机动车排放源统计工作的部门。

2. 本年报所用生态环境管理统计数据为《生态环境管理统计调查制度》（国统办函〔2020〕26 号）调查数据。生态环境管理反映生态环境系统自身能力建设、业务工作进展及成果等情况，主要包括生态环境信访和建议提案办理情况、生态环境法规与标准、清洁生产审核、生态环境监测、辐射环境监测、环境影响评价与排污许可、生态环境执法、环境应急情况等内容。

四、本年报中，部分数据合计数或占比数由于小数位取舍不同而产生的计算误差，均未做机械调整。

目　录

10　各工业行业污染排放及治理统计　　　　　　86～99

11　168 个重点城市废气污染排放及治理统计　　　100～116

综　述

2022年，全国生态环境系统坚持以习近平新时代中国特色社会主义思想为指导，深入学习宣传贯彻党的二十大精神，坚定践行习近平生态文明思想，坚持稳中求进工作总基调，统筹产业结构调整、污染治理、生态保护、应对气候变化，持续深入打好污染防治攻坚战，扎实推进美丽中国建设，全国生态环境质量持续改善，生态环境保护取得新的明显成效。

2022年，开展排放源统计重点调查的工业企业共176 528家，污水处理厂13 527家（含日处理能力500吨以上的农村污水处理设施），生活垃圾处理场（厂）2 645家（含餐厨垃圾集中处理厂），危险废物（医疗废物）集中处理厂2 512家。

2022年，排放源统计调查范围内废水中化学需氧量排放量为2 595.8万吨，其中，工业源（含非重点）废水中化学需氧量排放量为36.9万吨，农业源化学需氧量排放量为1 785.7万吨，生活源污水中化学需氧量排放量为772.2万吨，集中式污染治理设施废水（含渗滤液）中化学需氧量排放量为1.1万吨；氨氮排放量为82.0万吨，其中，工业源（含非重点）废水中氨氮排放量为1.4万吨，农业源氨氮排放量为28.1万吨，生活源污水中氨氮排放量为52.5万吨，集中式污染治理设施废水（含渗滤液）中氨氮排放量为0.1万吨。

2022年，排放源统计调查范围内废气中二氧化硫排放量为243.5万吨，其中，工业源废气中二氧化硫排放量为183.5万吨，生活源废气中二氧化硫排放量为59.7万吨，集中式污染治理设施废气中二氧化硫排放量为0.3万吨；氮氧化物排放量为895.7万吨，其中，工业源废气中氮氧化物排放量为333.3万吨，生活源废气中氮氧化物排放量为33.9万吨，移动源废气中氮氧化物排放量为526.7万吨，集中式污染治理设施废气中氮氧化物排放量为1.9万吨；颗粒物排放量为493.4万吨，其中，工业源废气中颗粒物排放量为305.7万吨，生活源废气中颗粒物排放量为182.3万吨，移动源废气中颗粒物排放量为5.3万吨，集中式污染治理设施废气中颗粒物排放量为0.1万吨；挥发性有机物排放量为566.1万吨，其中，工业源废气中挥发性有机物排放量为195.5万吨，生活源废气中挥发性有机物排放量为179.4万吨，移动源废气中挥发性有机物排放量为191.2万吨。

2022年，排放源统计调查范围内一般工业固体废物产生量为41.1亿吨，综合利用量为23.7亿吨，处置量为8.9亿吨；工业危险废物产生量为9 514.8万吨，利用处置量为9 443.9万吨。

1

调查对象

1.1 调查对象总体情况

工业源对重点调查单位逐家调查，农业源对省级行政单位整体调查，生活源对地级等行政单位整体调查，集中式污染治理设施对重点调查单位逐家调查，移动源对地级等行政单位整体调查。

2022 年，工业源和集中式污染治理设施调查对象共 195 212 家，其中，工业企业 176 528 家，污水处理厂 13 527 家，生活垃圾处理场（厂）2 645 家（含餐厨垃圾集中处理厂 95 家），危险废物集中处理厂 1 803 家，医疗废物（单独）集中处置厂 441 家，协同处置企业 268 家。调查对象数量排名前五的地区依次为广东、浙江、江苏、山东和河北，分别为 20 157 家、19 450 家、17 679 家、13 100 家和 12 868 家。2022 年各地区调查对象数量分布情况见图 1-1。

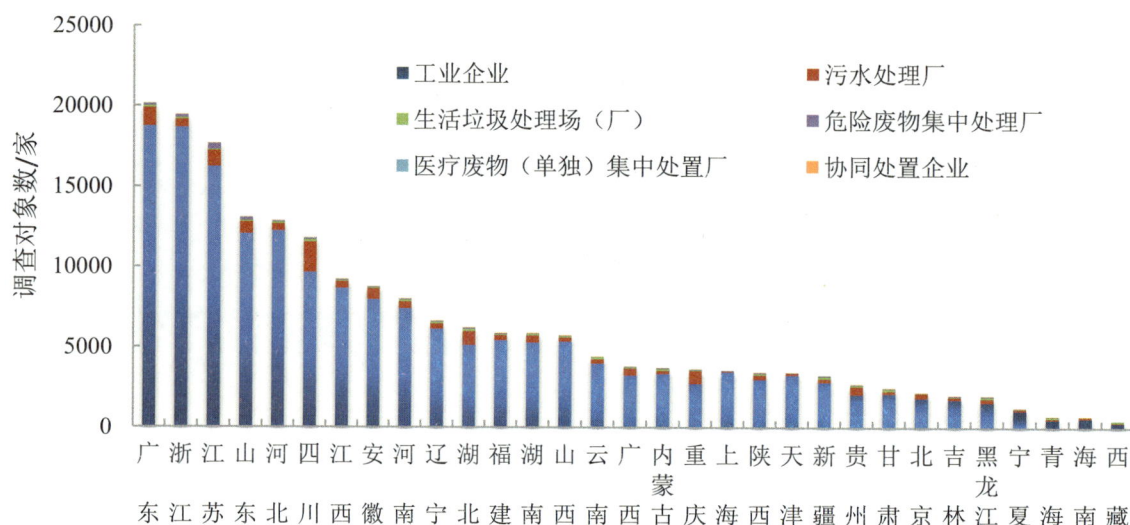

图 1-1　2022 年各地区调查对象数量分布情况

1.2 工业源调查基本情况

2022 年，全国重点调查工业企业共 176 528 家，其中，有废水污染物产生或排放的企业 80 586 家，有废气污染物产生或排放的企业 153 196 家，有一般工业固体废物产生的企业 123 374 家，有工业危险废物产生的企业 98 345 家。

调查工业企业数量排名前五的地区依次为广东、浙江、江苏、河北和山东，分别为 18 734 家、18 665 家、16 223 家、12 239 家和 12 068 家。2022 年各地区调查工业企业数量分布情况见图 1-2。

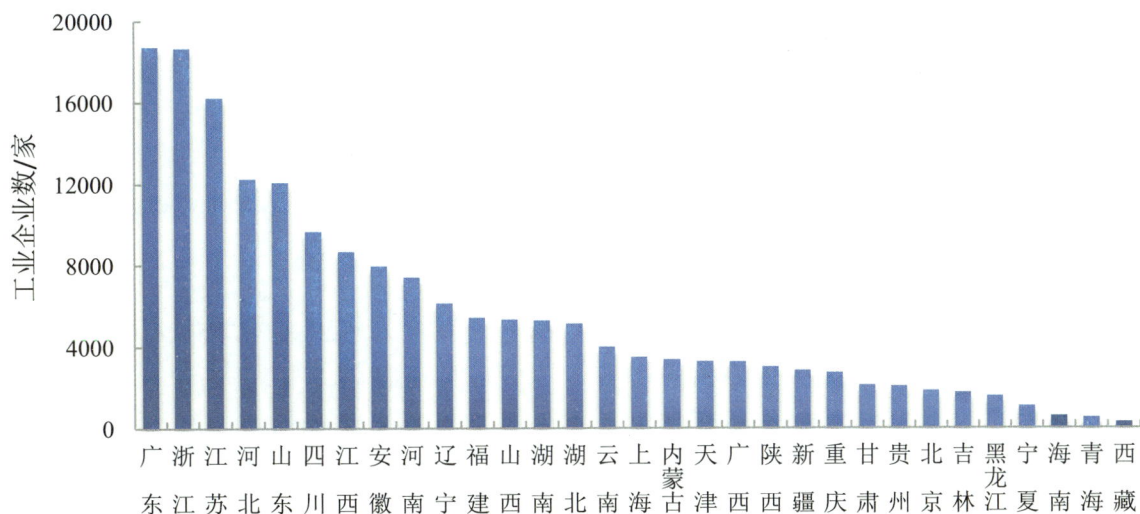

图 1-2　2022 年各地区调查工业企业数量分布情况

1.3　农业源调查基本情况

2022 年，对全国 31 个省（自治区、直辖市）和新疆生产建设兵团开展了农业源统计调查。

1.4　生活源调查基本情况

2022 年，对全国 31 个省（自治区、直辖市）和新疆生产建设兵团的 382 个行政单位开展了生活源统计调查。

1.5 集中式污染治理设施调查基本情况①

2022 年，全国共调查了 13 527 家污水处理厂，2 645 家生活垃圾处理场（厂）（含95 家餐厨垃圾集中处理厂），1 803 家危险废物集中处理厂，441 家医疗废物（单独）集中处置厂，268 家协同处置企业。集中式污染治理设施调查数量排名前五的地区依次为四川、江苏、广东、湖北和山东，分别为 2 138 家、1 456 家、1 423 家、1 088 家和 1 032家。2022 年各地区调查集中式污染治理设施数量分布情况见图 1-3。

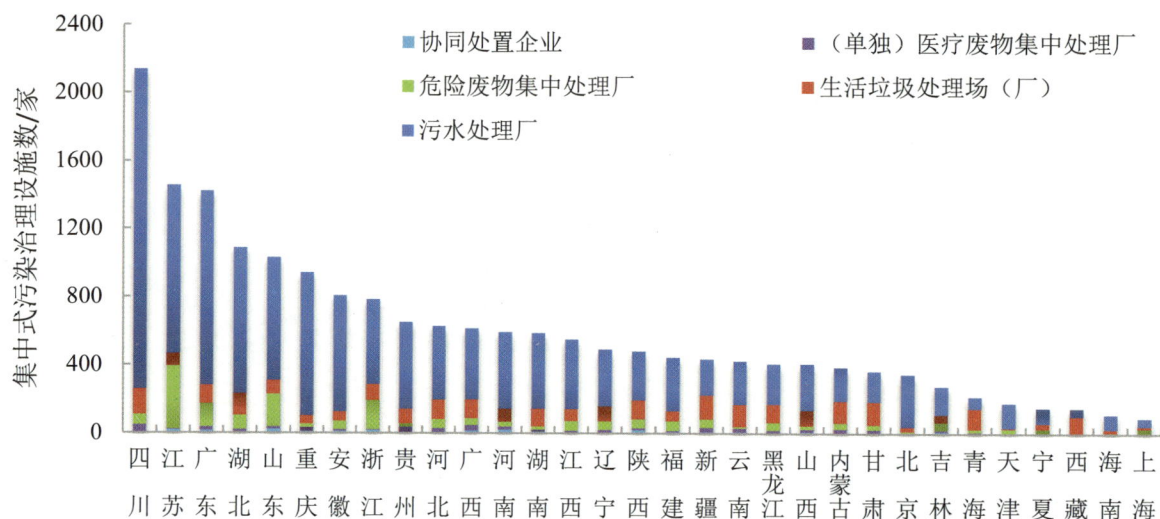

图 1-3　2022 年各地区调查集中式污染治理设施数量分布情况

1.6 移动源调查基本情况

2022 年，对全国 31 个省（自治区、直辖市）和新疆生产建设兵团的 363 个行政单位开展了移动源统计调查。

---

① 从 2020 年起，垃圾焚烧发电厂和水泥窑协同处置垃圾的企业全部纳入工业源统计调查，不再纳入集中式污染治理设施统计调查，下同。

2

废水污染物

2.1 化学需氧量排放情况

根据《排放源统计调查制度》（国统制〔2021〕18 号），化学需氧量排放量统计调查范围包括工业源、农业源、生活源和集中式污染治理设施四类排放源。

工业源化学需氧量统计调查范围包括《国民经济行业分类》（GB/T 4754—2017）中采矿业，制造业，电力、热力、燃气及水的生产和供应业 3 个门类的工业企业（不含军队企业），包括工业重点调查单位和非重点调查单位。

农业源化学需氧量统计调查范围包括畜禽养殖业和水产养殖业，畜禽养殖业统计范围包括生猪、奶牛、肉牛、蛋鸡、肉鸡五类畜禽的规模化养殖场及规模以下养殖户，水产养殖业包括人工淡水养殖和人工海水养殖。

生活源化学需氧量统计调查范围包括第三产业和居民生活（城镇和农村）污染排放。

集中式污染治理设施化学需氧量统计调查范围包括生活垃圾处理场（厂）和危险废物（医疗废物）集中处理厂。

2.1.1 全国及分源排放情况

2022 年，在《排放源统计调查制度》确定的统计调查范围内，全国化学需氧量排放量为 2 595.8 万吨。其中，工业源（含非重点）废水中化学需氧量排放量为 36.9 万吨，占 1.4%；农业源化学需氧量排放量为 1 785.7 万吨，占 68.8%；生活源污水中化学需氧量排放量为 772.2 万吨，占 29.7%；集中式污染治理设施废水（含渗滤液）中化学需氧量排放量为 1.1 万吨，占 0.04%。2022 年全国及分源化学需氧量排放情况见表 2-1。

表 2-1　2022 年全国及分源化学需氧量排放情况

项目	合计	工业源	农业源	生活源	集中式污染治理设施
排放量/万吨	2 595.8	36.9	1 785.7	772.2	1.1
占比/%	—	1.4	68.8	29.7	0.04

注：①集中式污染治理设施废水（含渗滤液）中污染物排放量指生活垃圾处理场（厂）和危险废物（医疗废物）集中处理厂废水（含渗滤液）中污染物的排放量，下同。
②本年报表中，"—"表示无此项指标或不宜计算，"…"表示由于数字太小，修约后小于保留的最小位数无法显示，下同。
③本年报中，部分数据合计数或占比数由于小数位取舍不同而产生的计算误差，均未做机械调整，下同。

2.1.2 各地区及分源排放情况

2022 年，化学需氧量排放量排名前五的地区依次为河南、湖南、广东、湖北和河北，排放量合计为 805.5 万吨，占全国化学需氧量排放量的 31.0%。2022 年各地区化学需氧量排放情况见图 2-1。

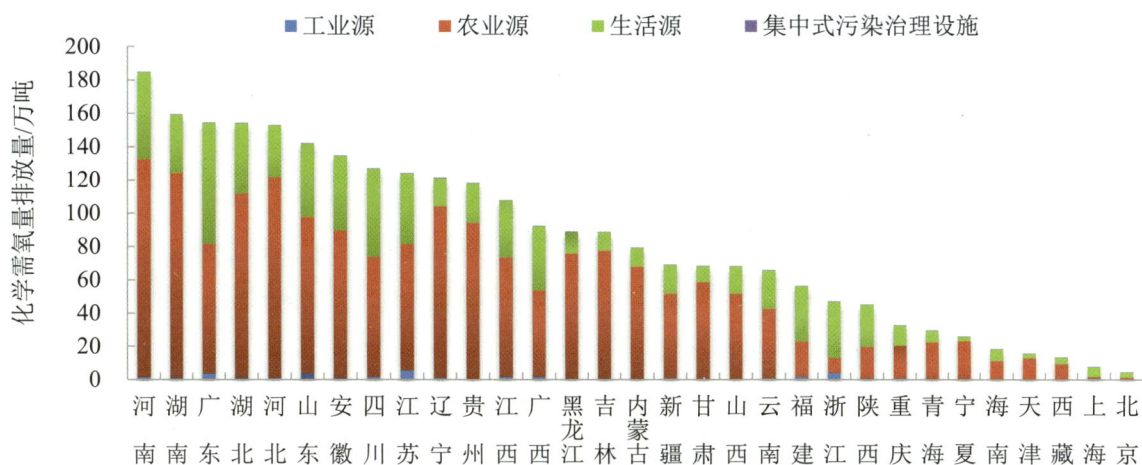

图 2-1　2022 年各地区化学需氧量排放情况

2.1.3　各工业行业排放情况

2022 年，在统计调查的 42 个工业行业中，化学需氧量排放量排名前五的行业依次为纺织业，造纸和纸制品业，化学原料和化学制品制造业，农副食品加工业，计算机、通信和其他电子设备制造业。5 个行业的排放量合计为 19.9 万吨，占全国工业源重点调查企业化学需氧量排放量的 60.4%。2022 年各工业行业化学需氧量排放情况见图 2-2。

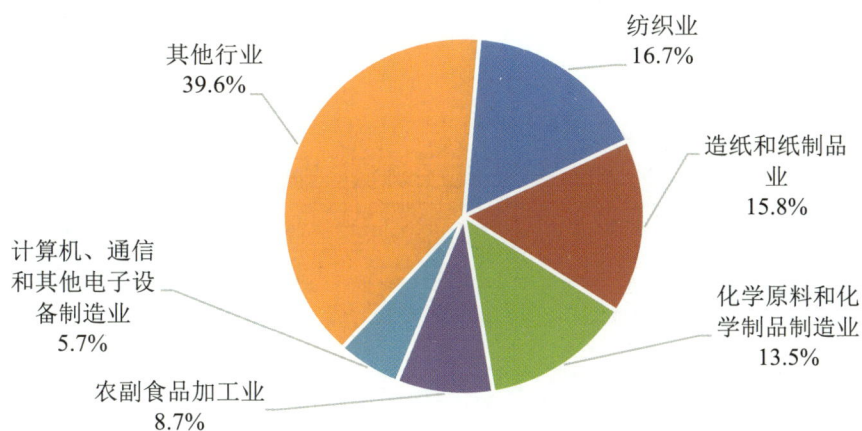

图 2-2　2022 年各工业行业化学需氧量排放情况

2.2 氨氮排放情况

根据《排放源统计调查制度》（国统制〔2021〕18 号），氨氮排放量统计调查范围包括工业源、农业源、生活源和集中式污染治理设施四类排放源。

工业源氨氮统计调查范围包括《国民经济行业分类》（GB/T 4754—2017）中采矿业，制造业，电力、热力、燃气及水的生产和供应业 3 个门类的工业企业（不含军队企业），包括工业重点调查单位和非重点调查单位。

农业源氨氮统计调查范围包括种植业、畜禽养殖业和水产养殖业，种植业统计范围包括农作物种植和园地种植，畜禽养殖业包括生猪、奶牛、肉牛、蛋鸡、肉鸡五类畜禽的规模化养殖场及规模以下养殖户，水产养殖业包括人工淡水养殖和人工海水养殖。

生活源氨氮统计调查范围包括第三产业和居民生活（城镇和农村）污染排放。

集中式污染治理设施氨氮统计调查范围包括生活垃圾处理场（厂）和危险废物（医疗废物）集中处理厂。

2.2.1 全国及分源排放情况

2022 年，在《排放源统计调查制度》确定的统计调查范围内，全国氨氮排放量为 82.0 万吨。其中，工业源（含非重点）废水中氨氮排放量为 1.4 万吨，占 1.7%；农业源氨氮排放量为 28.1 万吨，占 34.2%；生活源污水中氨氮排放量为 52.5 万吨，占 64.0%；集中式污染治理设施废水（含渗滤液）中氨氮排放量为 0.1 万吨，占 0.1%。2022 年全国及分源氨氮排放情况见表 2-2。

表 2-2 2022 年全国及分源氨氮排放情况

项目	合计	工业源	农业源	生活源	集中式污染治理设施
排放量/万吨	82.0	1.4	28.1	52.5	0.1
占比/%	—	1.7	34.2	64.0	0.1

2.2.2 各地区及分源排放情况

2022 年，氨氮排放量排名前五的地区依次为广东、四川、湖南、湖北和广西，排放量合计为 29.3 万吨，占全国氨氮排放量的 35.7%。2022 年各地区氨氮排放情况见图 2-3。

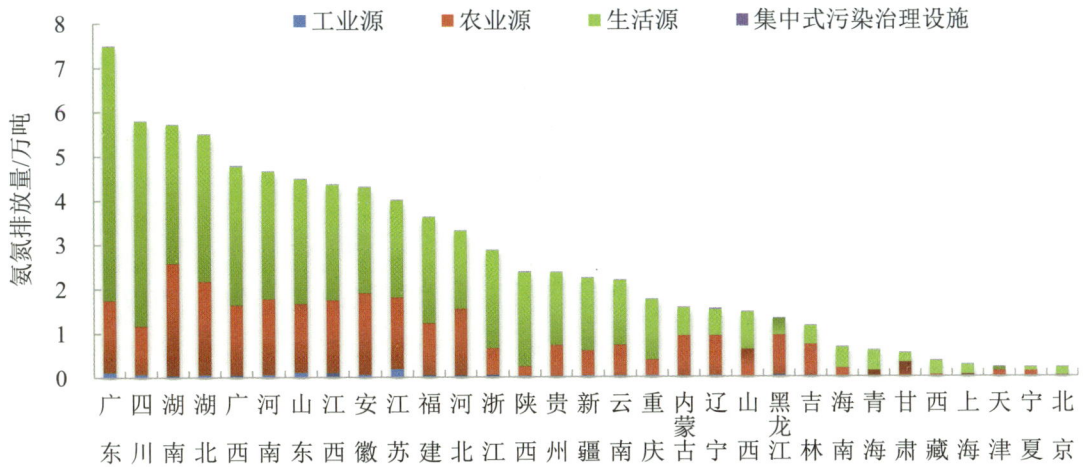

图 2-3　2022 年各地区氨氮排放情况

2.2.3　各工业行业排放情况

2022 年，在统计调查的 42 个工业行业中，氨氮排放量排名前五的行业依次为化学原料和化学制品制造业，造纸和纸制品业，农副食品加工业，纺织业，食品制造业。5 个行业的排放量合计为 0.7 万吨，占全国工业源重点调查企业氨氮排放量的 59.7%。2022 年各工业行业氨氮排放情况见图 2-4。

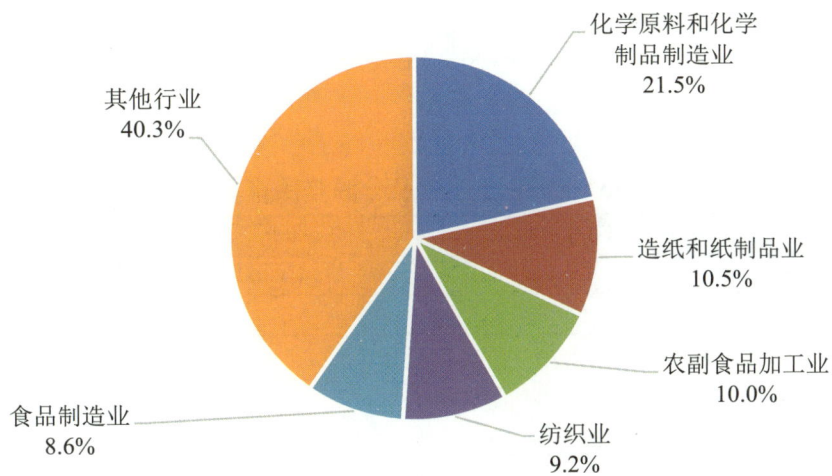

图 2-4　2022 年各工业行业氨氮排放情况

2.3 总氮排放情况

根据《排放源统计调查制度》（国统制〔2021〕18 号），总氮排放量统计调查范围包括工业源、农业源、生活源和集中式污染治理设施四类排放源。

工业源总氮统计调查范围包括《国民经济行业分类》（GB/T 4754—2017）中采矿业，制造业，电力、热力、燃气及水的生产和供应业 3 个门类的工业企业（不含军队企业），包括工业重点调查单位和非重点调查单位。

农业源总氮统计调查范围包括种植业、畜禽养殖业和水产养殖业，种植业统计范围包括农作物种植和园地种植，畜禽养殖业包括生猪、奶牛、肉牛、蛋鸡、肉鸡五类畜禽的规模化养殖场及规模以下养殖户，水产养殖业包括人工淡水养殖和人工海水养殖。

生活源总氮统计调查范围包括第三产业和居民生活（城镇和农村）污染排放。

集中式污染治理设施总氮统计调查范围包括生活垃圾处理场（厂）和危险废物（医疗废物）集中处理厂。

2.3.1 全国及分源排放情况

2022 年，在《排放源统计调查制度》确定的统计调查范围内，全国总氮排放量为 317.2 万吨。其中，工业源（含非重点）废水中总氮排放量为 9.1 万吨，占 2.9%；农业源总氮排放量为 174.4 万吨，占 55.0%；生活源污水中总氮排放量为 133.5 万吨，占 42.1%；集中式污染治理设施废水（含渗滤液）中总氮排放量为 0.2 万吨，占 0.1%。2022 年全国及分源总氮排放情况见表 2-3。

表 2-3　2022 年全国及分源总氮排放情况

项目	合计	工业源	农业源	生活源	集中式污染治理设施
排放量/万吨	317.2	9.1	174.4	133.5	0.2
占比/%	—	2.9	55.0	42.1	0.1

2.3.2 各地区及分源排放情况

2022 年，总氮排放量排名前五的地区依次为广东、湖北、湖南、广西和河南，排放量合计为 107.3 万吨，占全国总氮排放量的 33.8%。2022 年各地区总氮排放情况见图 2-5。

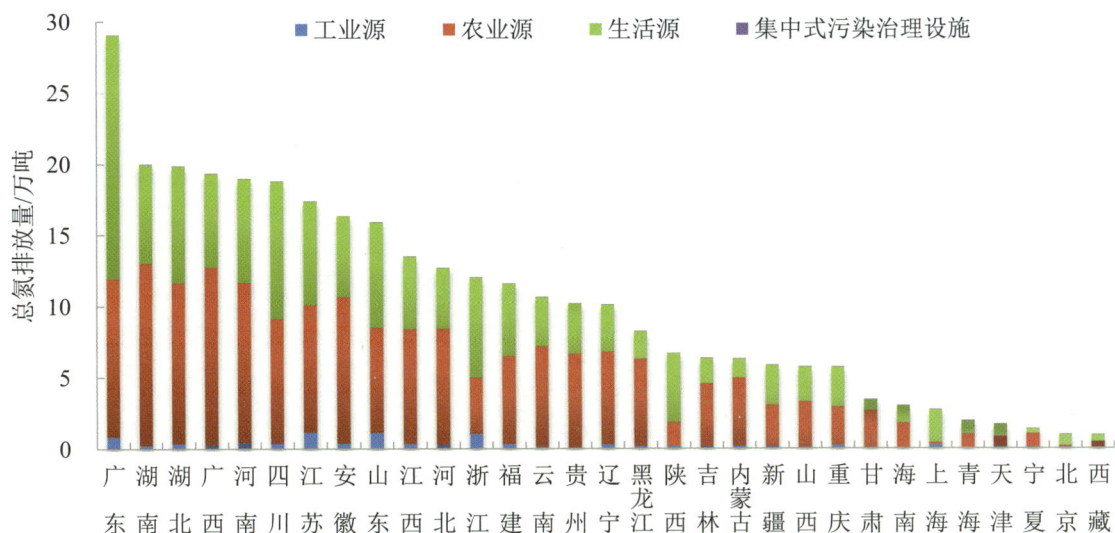

图 2-5　2022 年各地区总氮排放情况

2.3.3　各工业行业排放情况

2022 年，在统计调查的 42 个工业行业中，总氮排放量排名前五的行业依次为化学原料和化学制品制造业，纺织业，农副食品加工业，计算机、通信和其他电子设备制造业、造纸和纸制品业。5 个行业的排放量合计为 4.4 万吨，占全国工业源重点调查企业总氮排放量的 58.9%。2022 年各工业行业总氮排放情况见图 2-6。

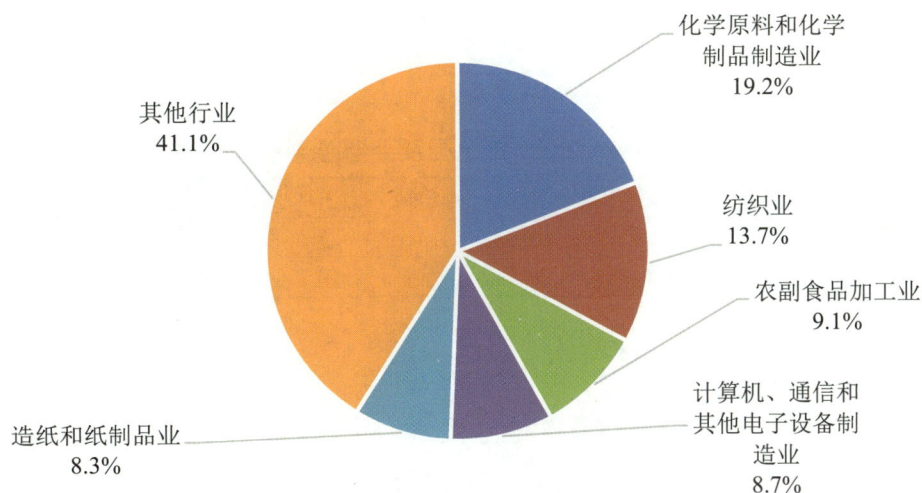

图 2-6　2022 年各工业行业总氮排放情况

2.4 总磷排放情况

根据《排放源统计调查制度》（国统制〔2021〕18 号），总磷排放量统计调查范围包括工业源、农业源、生活源和集中式污染治理设施四类排放源。

工业源总磷统计调查范围包括《国民经济行业分类》（GB/T 4754—2017）中采矿业，制造业，电力、热力、燃气及水的生产和供应业 3 个门类的工业企业（不含军队企业），包括工业重点调查单位和非重点调查单位。

农业源总磷统计调查范围包括种植业、畜禽养殖业和水产养殖业，种植业统计范围包括农作物种植和园地种植，畜禽养殖业包括生猪、奶牛、肉牛、蛋鸡、肉鸡五类畜禽的规模化养殖场及规模以下养殖户，水产养殖业包括人工淡水养殖和人工海水养殖。

生活源总磷统计调查范围包括第三产业和居民生活（城镇和农村）污染排放。

集中式污染治理设施总磷统计调查范围包括生活垃圾处理场（厂）和危险废物（医疗废物）集中处理厂。

2.4.1 全国及分源排放情况

2022 年，在《排放源统计调查制度》确定的统计调查范围内，全国总磷排放量为 34.6 万吨。其中，工业源（含非重点）废水中总磷排放量为 0.2 万吨，占 0.7%；农业源总磷排放量为 27.7 万吨，占 80.2%；生活源污水中总磷排放量为 6.6 万吨，占 19.1%；集中式污染治理设施废水（含渗滤液）中总磷排放量为 52.5 吨，占 0.02%。2022 年全国及分源总磷排放情况见表 2-4。

表 2-4　2022 年全国及分源总磷排放情况

项目	合计	工业源	农业源	生活源	集中式污染治理设施
排放量/万吨	34.6	0.2	27.7	6.6	0.01
占比/%	—	0.7	80.2	19.1	0.02

2.4.2 各地区及分源排放情况

2022 年，总磷排放量排名前五的地区依次为广东、湖南、湖北、广西和河南，排放量合计为 12.6 万吨，占全国总磷排放量的 36.4%。2022 年各地区总磷排放情况见图 2-7。

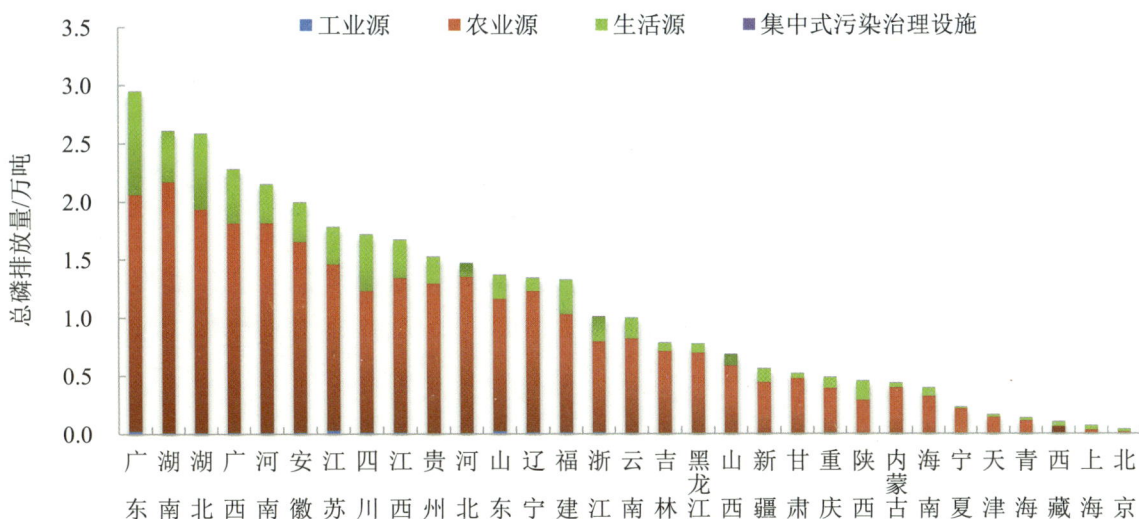

图 2-7　2022 年各地区总磷排放情况

2.4.3　各工业行业排放情况

2022 年，在统计调查的 42 个工业行业中，总磷排放量排名前五的行业依次为农副食品加工业，化学原料和化学制品制造业，纺织业，食品制造业，计算机、通信和其他电子设备制造业。5 个行业的排放量合计为 0.1 万吨，占全国工业源重点调查企业总磷排放量的 61.3%。2022 年各工业行业总磷排放情况见图 2-8。

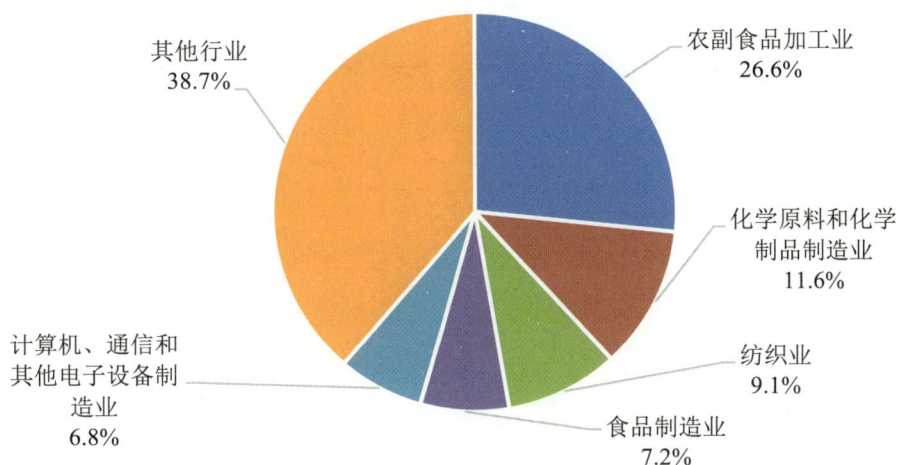

图 2-8　2022 年各工业行业总磷排放情况

2.5 其他污染物排放情况

根据《排放源统计调查制度》（国统制〔2021〕18 号），废水其他污染物排放量统计调查范围包括工业源和集中式污染治理设施两类排放源。

工业源废水其他污染物指标涉及石油类、挥发酚、氰化物和废水重金属[1]，统计调查范围包括《国民经济行业分类》（GB/T 4754—2017）中采矿业，制造业，电力、热力、燃气及水的生产和供应业 3 个门类的工业重点调查单位（不含军队企业）。

集中式污染治理设施废水其他污染物统计调查范围包括生活垃圾处理场（厂）和危险废物（医疗废物）集中处理厂，其中，生活垃圾处理场（厂）不调查挥发酚和氰化物。

2022 年，在《排放源统计调查制度》确定的统计调查范围内，全国废水中石油类排放量为 1 557.6 吨，挥发酚排放量为 45.2 吨，氰化物排放量为 22.3 吨，重金属排放量为 48.1 吨。2022 年全国废水中其他污染物排放情况见表 2-5。

表 2-5　2022 年全国废水中其他污染物排放情况　　　　　　　　　　单位：吨

排放源	石油类	挥发酚	氰化物	重金属
工业源	1 557.6	45.0	22.3	45.1
集中式污染治理设施	—	0.2	0.02	3.0
合计	1 557.6	45.2	22.3	48.1

---

[1] 废水重金属排放量指废水中总砷、总铅、总镉、总汞、总铬排放量合计值，下同。

3

废气污染物

3.1 二氧化硫排放情况

根据《排放源统计调查制度》（国统制〔2021〕18号），二氧化硫排放量统计调查范围包括工业源、生活源和集中式污染治理设施三类排放源。

工业源二氧化硫统计调查范围包括《国民经济行业分类》（GB/T 4754—2017）中采矿业，制造业，电力、热力、燃气及水的生产和供应业3个门类的工业重点调查单位（不含军队企业）。

生活源二氧化硫统计调查范围为除工业重点调查单位以外的能源（煤炭和天然气）消费过程排放。

集中式污染治理设施二氧化硫统计调查范围包括生活垃圾处理场（厂）和危险废物（医疗废物）集中处理厂。

3.1.1 全国及分源排放情况

2022年，在《排放源统计调查制度》确定的统计调查范围内，全国废气中二氧化硫排放量为243.5万吨。其中，工业源二氧化硫排放量为183.5万吨，占75.3%；生活源二氧化硫排放量为59.7万吨，占24.5%；集中式污染治理设施二氧化硫排放量为0.3万吨，占0.1%。2022年全国及分源二氧化硫排放情况见表3-1。

表3-1 2022年全国及分源二氧化硫排放情况

项目	合计	工业源	生活源	集中式污染治理设施
排放量/万吨	243.5	183.5	59.7	0.3
占比/%	—	75.3	24.5	0.1

注：集中式污染治理设施废气污染物包括生活垃圾处理场（厂）和危险废物（医疗废物）集中处理厂焚烧废气中排放的污染物，下同。

3.1.2 各地区及分源排放情况

2022年，二氧化硫排放量排名前五的地区依次为内蒙古、云南、河北、山东和辽宁，排放量合计为81.0万吨，占全国二氧化硫排放量的33.3%。2022年各地区二氧化硫排放情况见图3-1。

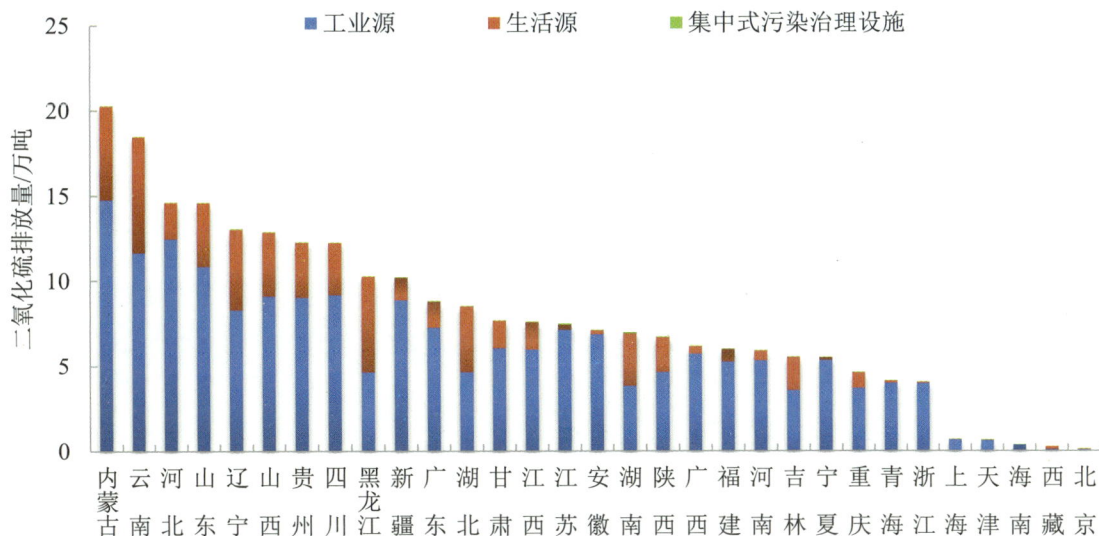

图 3-1　2022 年各地区二氧化硫排放情况

3.1.3　各工业行业排放情况

2022 年，在统计调查的 42 个工业行业中，二氧化硫排放量排名前五的行业依次为电力、热力生产和供应业，黑色金属冶炼和压延加工业，非金属矿物制品业，有色金属冶炼和压延加工业，化学原料和化学制品制造业。5 个行业的二氧化硫排放量合计为 169.2 万吨，占全国工业源二氧化硫排放量的 92.2%。2022 年各工业行业二氧化硫排放情况见图 3-2。

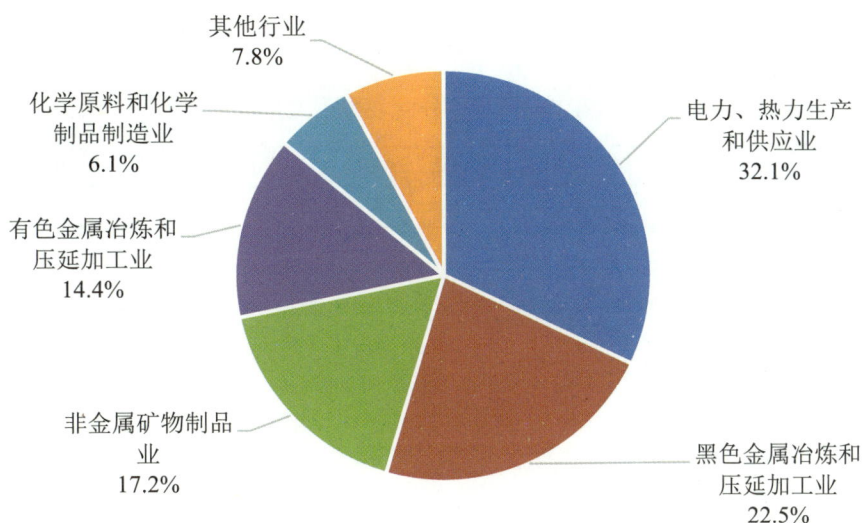

图 3-2　2022 年各工业行业二氧化硫排放情况

3.2 氮氧化物排放情况

根据《排放源统计调查制度》（国统制〔2021〕18 号），氮氧化物排放量统计调查范围包括工业源、生活源、移动源和集中式污染治理设施四类排放源。

工业源氮氧化物统计调查范围包括《国民经济行业分类》（GB/T 4754—2017）中采矿业，制造业，电力、热力、燃气及水的生产和供应业 3 个门类的工业重点调查单位（不含军队企业）。

生活源氮氧化物统计调查范围为除工业重点调查单位以外的能源（煤炭和天然气）消费过程排放。

移动源氮氧化物统计调查范围为机动车污染排放，不包含非道路移动机械。机动车类型包括汽车、低速汽车和摩托车，不包含厂内自用和未在交管部门登记注册的机动车。

集中式污染治理设施氮氧化物统计调查范围包括生活垃圾处理场（厂）和危险废物（医疗废物）集中处理厂。

3.2.1 全国及分源排放情况

2022 年，在《排放源统计调查制度》确定的统计调查范围内，全国废气中氮氧化物排放量为 895.7 万吨。其中，工业源氮氧化物排放量为 333.3 万吨，占 37.2%；生活源氮氧化物排放量为 33.9 万吨，占 3.8%；移动源氮氧化物排放量为 526.7 万吨，占 58.8%；集中式污染治理设施氮氧化物排放量为 1.9 万吨，占 0.2%。2022 年全国及分源氮氧化物排放情况见表 3-2。

表 3-2   2022 年全国及分源氮氧化物排放情况

项目	合计	工业源	生活源	移动源	集中式污染治理设施
排放量/万吨	895.7	333.3	33.9	526.7	1.9
占比/%	—	37.2	3.8	58.8	0.2

3.2.2 各地区及分源排放情况

2022 年，氮氧化物排放量排名前五的地区依次为山东、河北、广东、辽宁和江苏，排放量合计为 310.6 万吨，占全国氮氧化物排放量的 34.7%。2022 年各地区氮氧化物排放情况见图 3-3。

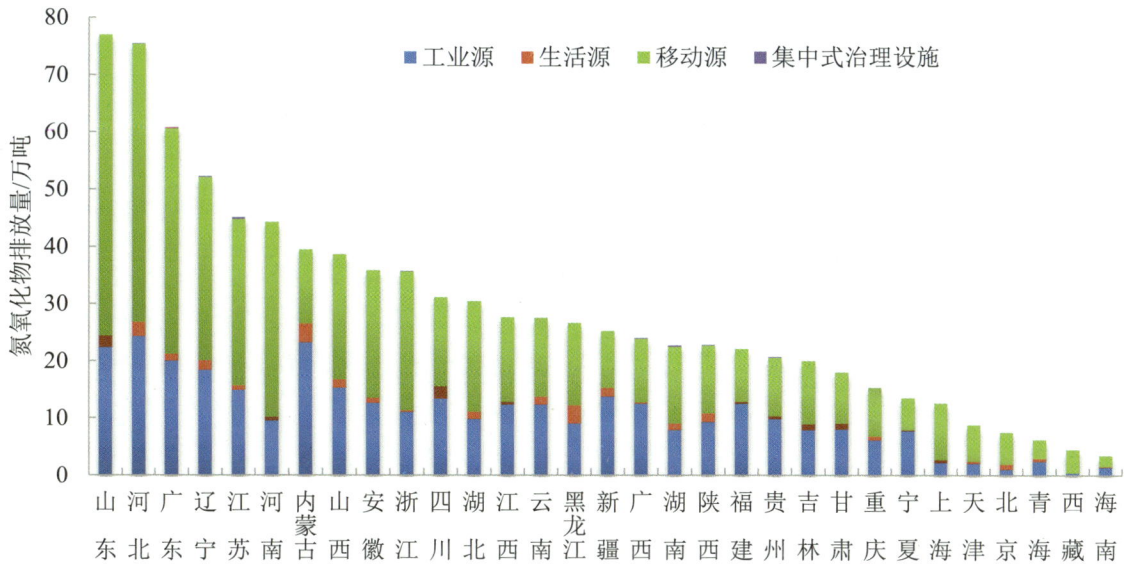

图 3-3　2022 年各地区氮氧化物排放情况

3.2.3　各工业行业排放情况

2022 年，在统计调查的 42 个工业行业中，氮氧化物排放量排名前五的行业依次为电力、热力生产和供应业，非金属矿物制品业，黑色金属冶炼和压延加工业，石油、煤炭及其他燃料加工业，化学原料和化学制品制造业。5 个行业的氮氧化物排放量合计为 306.4 万吨，占全国工业源氮氧化物排放量的 91.9%。2022 年各工业行业氮氧化物排放情况见图 3-4。

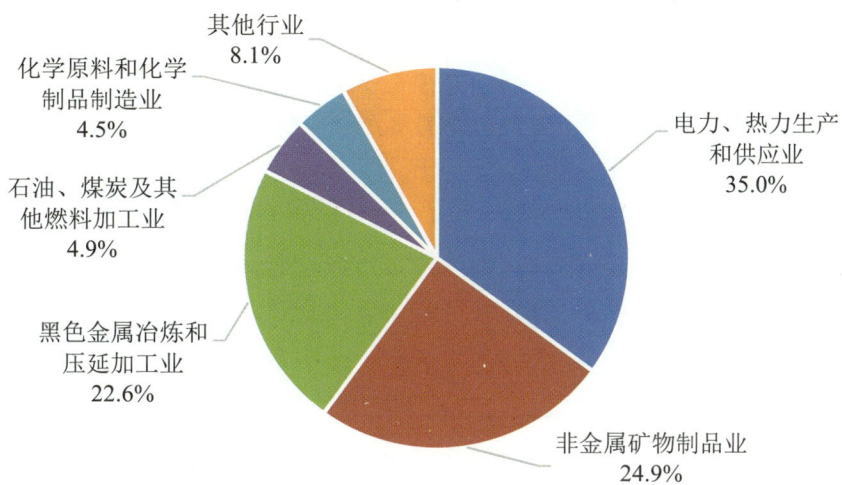

图 3-4　2022 年各工业行业氮氧化物排放情况

3.3 颗粒物排放情况

根据《排放源统计调查制度》（国统制〔2021〕18 号），颗粒物排放量统计调查范围包括工业源、生活源、移动源和集中式污染治理设施四类排放源。

工业源颗粒物统计调查范围包括《国民经济行业分类》（GB/T 4754—2017）中采矿业，制造业，电力、热力、燃气及水的生产和供应业 3 个门类的工业重点调查单位（不含军队企业）有组织排放量和部分行业企业无组织排放量，其中部分行业包括黑色金属冶炼和压延加工业（大类行业代码 31）、水泥制造（小类行业代码 3011）以及《排放源统计调查产排污核算方法和系数手册》（生态环境部公告 2021 年第 24 号）中发布颗粒物无组织排放系数的行业。

生活源颗粒物统计调查范围为除工业重点调查单位以外的能源（煤炭和天然气）消费过程排放。

移动源颗粒物统计调查范围为机动车污染排放，不包含非道路移动机械。机动车类型包括汽车、低速汽车和摩托车，不包含厂内自用和未在交管部门登记注册的机动车。

集中式污染治理设施颗粒物统计调查范围包括生活垃圾处理场（厂）和危险废物（医疗废物）集中处理厂。

3.3.1 全国及分源排放情况

2022 年，在《排放源统计调查制度》确定的统计调查范围内，全国废气中颗粒物排放量为 493.4 万吨。其中，工业源颗粒物排放量为 305.7 万吨，占 62.0%；生活源颗粒物排放量为 182.3 万吨，占 37.0%；移动源颗粒物排放量为 5.3 万吨，占 1.1%；集中式污染治理设施颗粒物排放量为 0.1 万吨，占 0.02%。2022 年全国及分源颗粒物排放情况见表 3-3。

表 3-3 2022 年全国及分源颗粒物排放情况

项目	合计	工业源	生活源	移动源	集中式污染治理设施
排放量/万吨	493.4	305.7	182.3	5.3	0.1
占比/%	—	62.0	37.0	1.1	0.02

3.3.2 各地区及分源排放情况

2022 年，颗粒物排放量排名前五的地区依次为内蒙古、新疆、黑龙江、山西和云南，排放量合计为 238.0 万吨，占全国颗粒物排放量的 48.2%。2022 年各地区颗粒物排放情况见图 3-5。

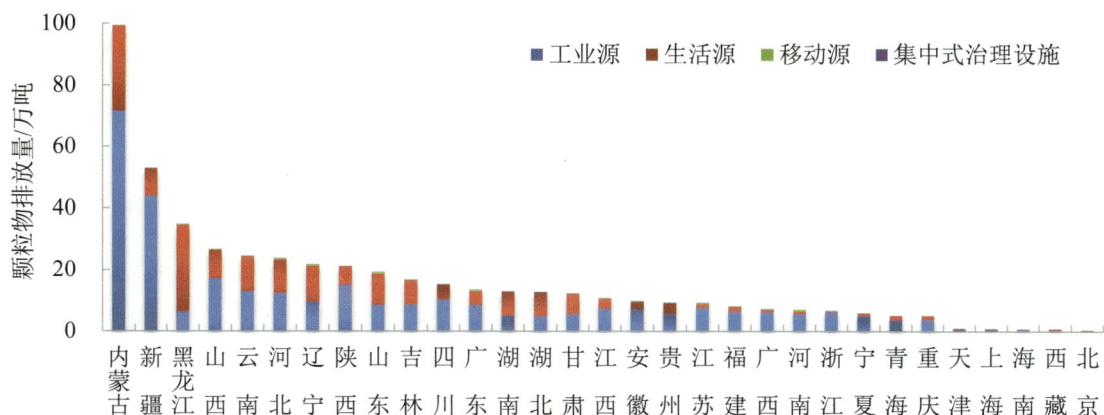

图 3-5　2022 年各地区颗粒物排放情况

3.3.3 各工业行业排放情况

2022 年，在统计调查的 42 个工业行业中，颗粒物排放量排名前五的行业依次为煤炭开采和洗选业，非金属矿物制品业，黑色金属冶炼和压延加工业，有色金属矿采选业，电力、热力生产和供应业。5 个行业的颗粒物排放量合计为 257.7 万吨，占全国工业源颗粒物排放量的 84.3%。2022 年各工业行业颗粒物排放情况见图 3-6。

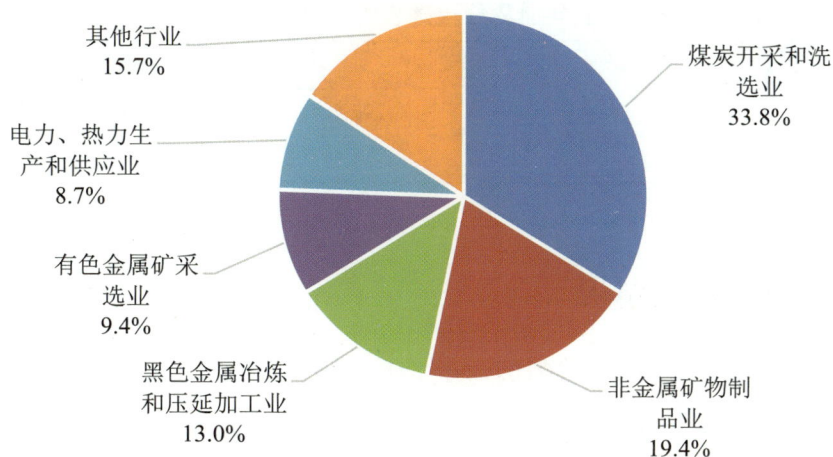

图 3-6　2022 年各工业行业颗粒物排放情况

3.4 挥发性有机物排放情况

根据《排放源统计调查制度》（国统制〔2021〕18号），挥发性有机物排放量统计调查范围包括工业源、生活源和移动源三类排放源。

工业源挥发性有机物统计调查范围包括《国民经济行业分类》（GB/T 4754—2017）中采矿业，制造业，电力、热力、燃气及水的生产和供应业3个门类的工业重点调查单位（不含军队企业）。

生活源挥发性有机物统计调查范围包括除工业重点调查单位以外的能源（煤炭和天然气）消费过程排放以及部分生活活动（建筑装饰、餐饮油烟、家庭日化用品、干洗和汽车修补）排放量，不包含液化石油气燃烧、沥青道路铺路、油品储运销、农村居民生物质燃烧等过程排放。

移动源挥发性有机物统计调查范围为机动车污染排放，不包含非道路移动机械。机动车类型包括汽车、低速汽车和摩托车，不包含厂内自用和未在交管部门登记注册的机动车。

3.4.1 全国及分源排放情况

2022年，在《排放源统计调查制度》确定的统计调查范围内，全国废气中挥发性有机物排放量为566.1万吨。其中，工业源挥发性有机物排放量为195.5万吨，占34.5%；生活源挥发性有机物排放量为179.4万吨，占31.7%；移动源挥发性有机物排放量为191.2万吨，占33.8%。2022年全国及分源挥发性有机物排放情况见表3-4。

表3-4　2022年全国及分源挥发性有机物排放情况

项目	合计	工业源	生活源	移动源
排放量/万吨	566.1	195.5	179.4	191.2
占比/%	—	34.5	31.7	33.8

3.4.2 各地区及分源排放情况

2022年，挥发性有机物排放量排名前五的地区依次为山东、广东、江苏、浙江和河北，排放量合计为205.1万吨，占全国挥发性有机物排放量的36.2%。2022年各地区挥发性有机物排放情况见图3-7。

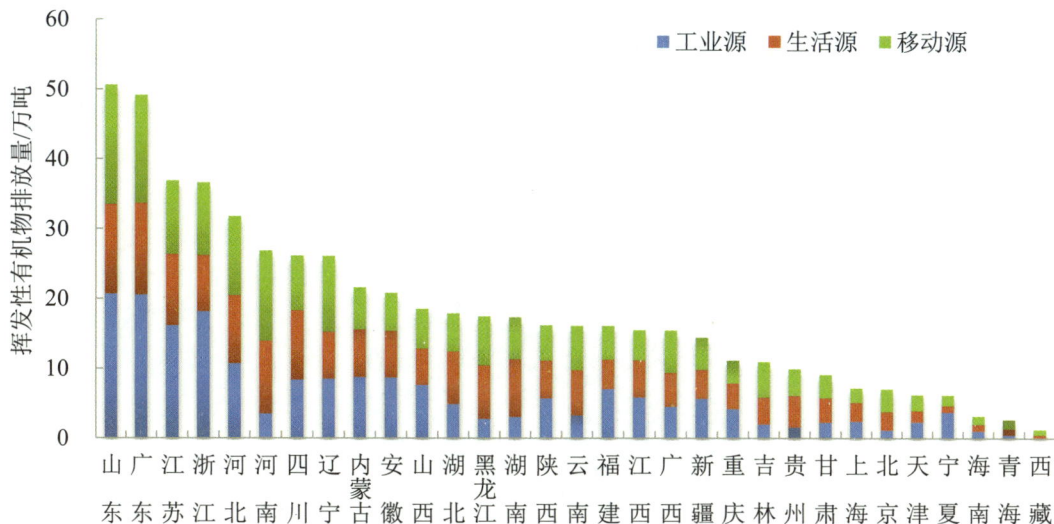

图 3-7　2022 年各地区挥发性有机物排放情况

3.4.3　各工业行业排放情况

2022 年，在统计调查的 42 个工业行业中，挥发性有机物排放量排名前五的行业依次为化学原料和化学制品制造业，石油、煤炭及其他燃料加工业，橡胶和塑料制品业，医药制造业，黑色金属冶炼和压延加工业。5 个行业的挥发性有机物排放量合计为 126.7 万吨，占全国工业源挥发性有机物排放量的 64.8%。2022 年各工业行业挥发性有机物排放情况见图 3-8。

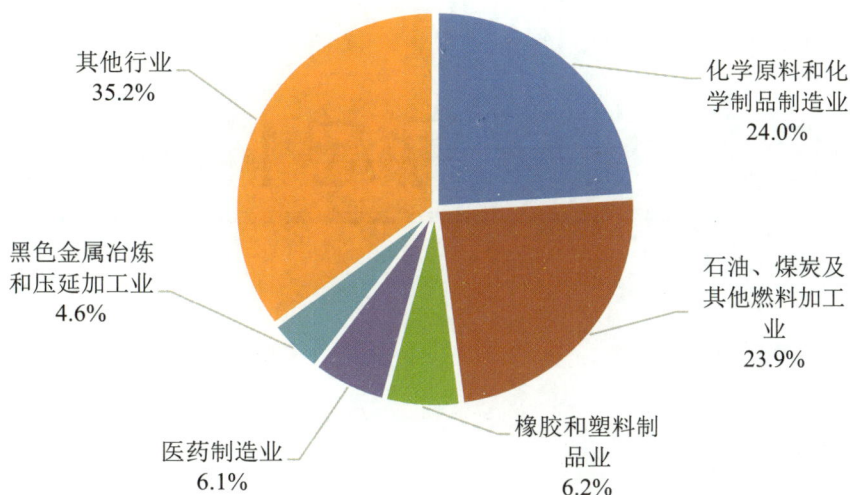

图 3-8　2022 年各工业行业挥发性有机物排放情况

4

工业固体废物、危险废物和
化学品环境国际公约管控物质
生产或库存总体情况

4.1 一般工业固体废物产生、综合利用和处置情况

根据《排放源统计调查制度》（国统制〔2021〕18 号），一般工业固体废物统计调查范围为工业源，包括《国民经济行业分类》（GB/T 4754—2017）中采矿业，制造业，电力、热力、燃气及水的生产和供应业 3 个门类的工业重点调查单位（不含军队企业）。

4.1.1 全国及各地区产生、综合利用和处置情况

2022 年，在《排放源统计调查制度》确定的统计调查范围内，全国一般工业固体废物产生量为 41.1 亿吨，综合利用量为 23.7 亿吨，处置量为 8.9 亿吨。

一般工业固体废物产生量排名前五的地区依次为山西、内蒙古、河北、辽宁和山东，产生量合计为 17.9 亿吨，占全国一般工业固体废物产生量的 43.4%。2022 年各地区一般工业固体废物产生情况见图 4-1。

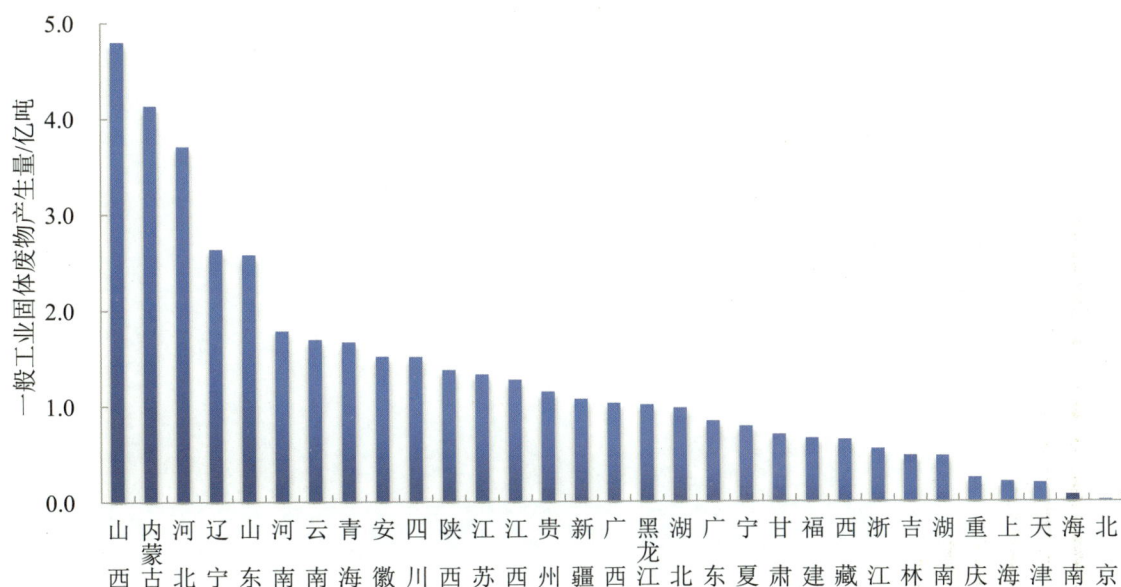

图 4-1　2022 年各地区一般工业固体废物产生情况

一般工业固体废物综合利用量排名前五的地区依次为河北、山东、山西、内蒙古和河南，综合利用量合计为 9.1 亿吨，占全国一般工业固体废物综合利用量的 38.2%。2022 年各地区一般工业固体废物综合利用情况见图 4-2。

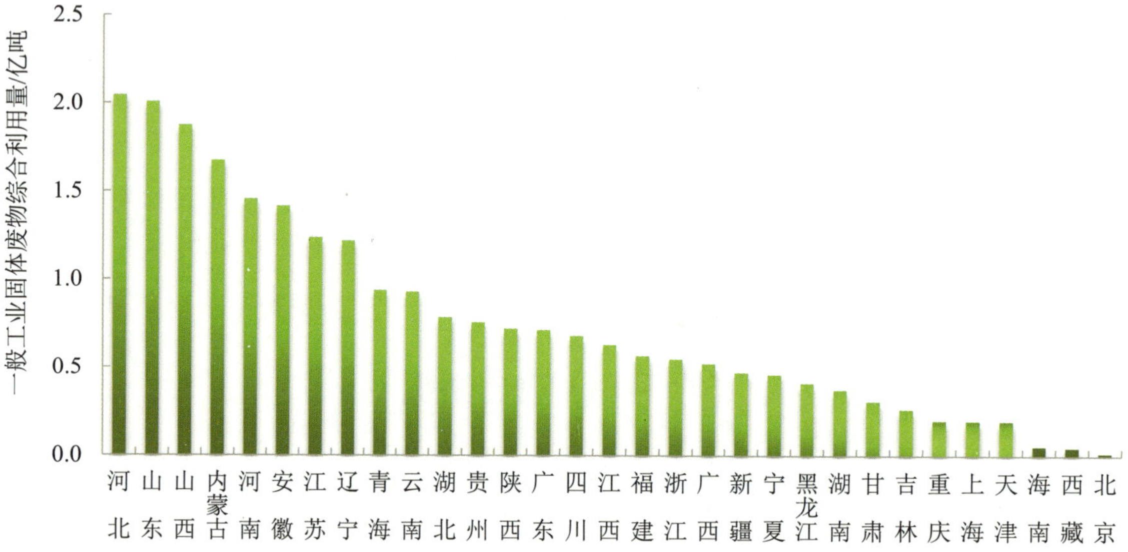

图 4-2　2022 年各地区一般工业固体废物综合利用情况

一般工业固体废物处置量排名前五的地区依次为山西、内蒙古、辽宁、河北和陕西，处置量合计为 5.9 亿吨，占全国一般工业固体废物处置量的 67.0%。2022 年各地区一般工业固体废物处置情况见图 4-3。

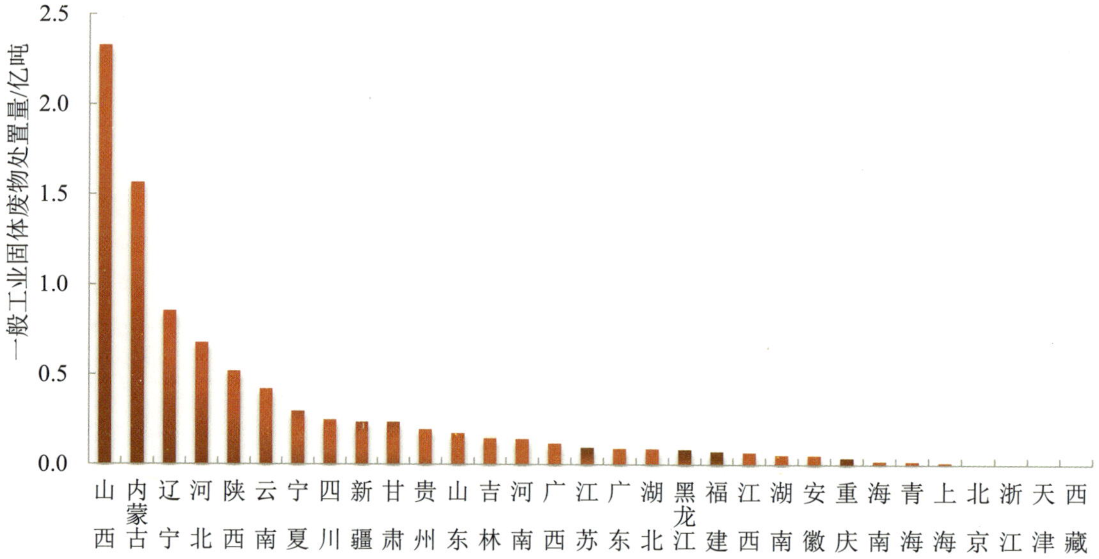

图 4-3　2022 年各地区一般工业固体废物处置情况

4.1.2 各工业行业产生、综合利用和处置情况

2022 年，在统计调查的 42 个工业行业中，一般工业固体废物产生量排名前五的行业依次为电力、热力生产和供应业，有色金属矿采选业，黑色金属冶炼和压延加工业，黑色金属矿采选业，煤炭开采和洗选业。5 个行业的一般工业固体废物产生量合计为 31.8 亿吨，占全国一般工业固体废物产生量的 77.4%。2022 年各工业行业一般工业固体废物产生情况见图 4-4。

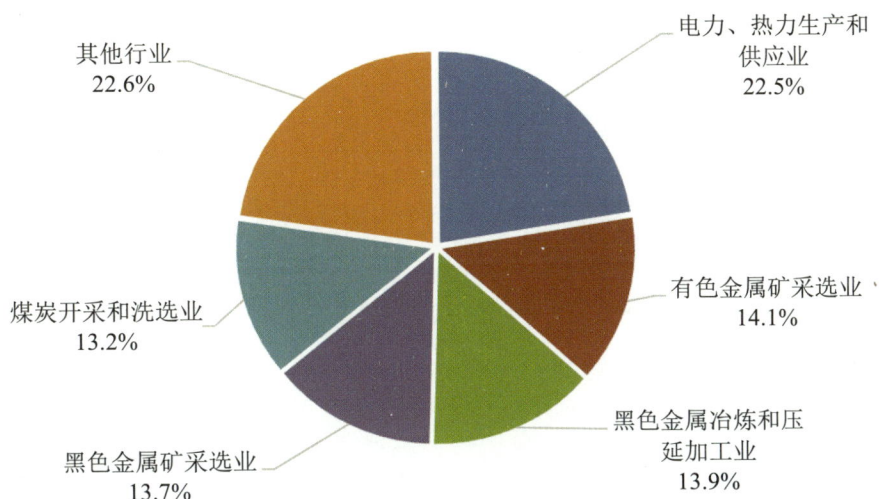

图 4-4　2022 年各工业行业一般工业固体废物产生情况

一般工业固体废物综合利用量排名前五的行业依次为电力、热力生产和供应业，黑色金属冶炼和压延加工业，煤炭开采和洗选业，化学原料和化学制品制造业，黑色金属矿采选业。5 个行业的一般工业固体废物综合利用量合计为 19.5 亿吨，占全国一般工业固体废物综合利用量的 82.2%。

一般工业固体废物处置量排名前五的行业依次为煤炭开采和洗选业，电力、热力生产和供应业，黑色金属矿采选业，有色金属矿采选业，化学原料和化学制品制造业。5 个行业的一般工业固体废物处置量合计为 6.9 亿吨，占全国一般工业固体废物处置量的 78.2%。

2022 年主要行业一般工业固体废物综合利用和处置情况见图 4-5。

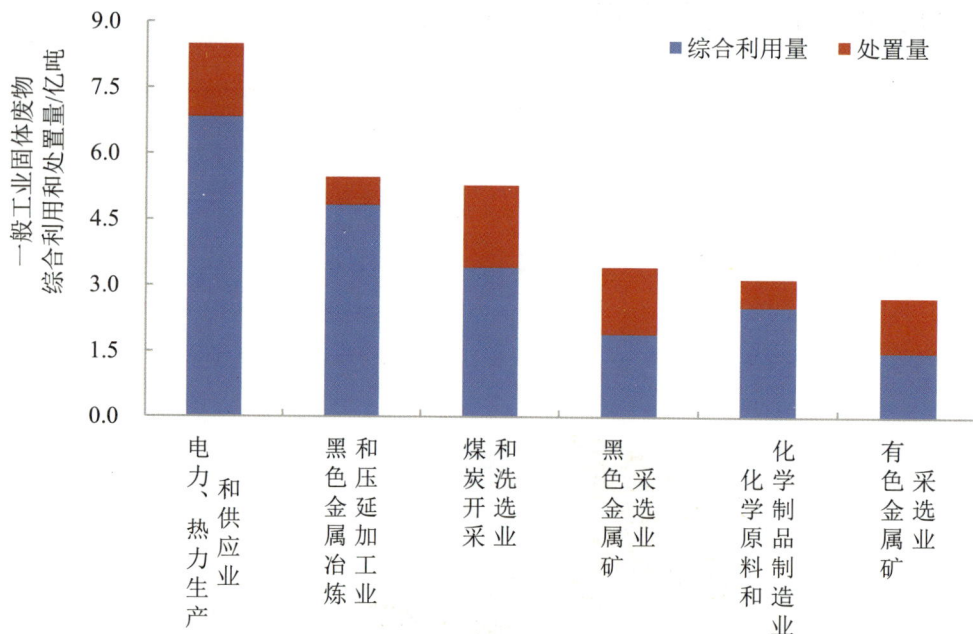

图 4-5　2022 年主要行业一般工业固体废物综合利用和处置情况

4.2　工业危险废物产生和利用处置情况

根据《排放源统计调查制度》（国统制〔2021〕18 号），工业危险废物统计调查范围为工业源，包括《国民经济行业分类》（GB/T 4754—2017）中采矿业，制造业，电力、热力、燃气及水的生产和供应业 3 个门类的工业重点调查单位（不含军队企业）。

4.2.1　全国及各地区产生和利用处置情况

2022 年，在《排放源统计调查制度》确定的统计调查范围内，全国工业危险废物产生量为 9 514.8 万吨，利用处置量为 9 443.9 万吨。

工业危险废物产生量排名前五的地区依次为山东、内蒙古、江苏、浙江和广东，产生量合计为 3 575.0 万吨，占全国工业危险废物产生量的 37.6%。2022 年各地区工业危险废物产生情况见图 4-6。

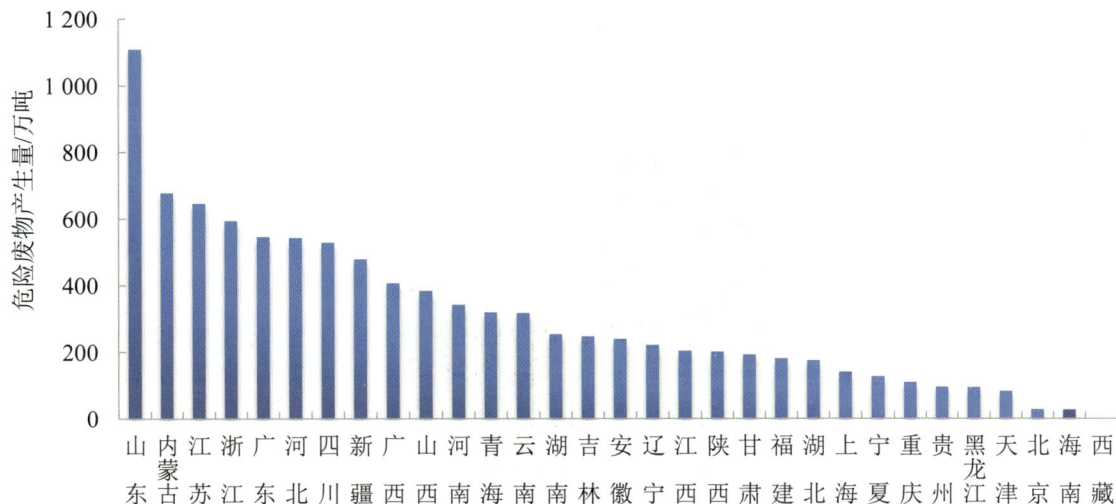

图 4-6　2022 年各地区工业危险废物产生情况

工业危险废物利用处置量排名前五的地区依次为山东、内蒙古、江苏、浙江和河北，利用处置量合计为 3 615.3 万吨，占全国工业危险废物利用处置量的 38.3%。2022 年各地区工业危险废物利用处置情况见图 4-7。

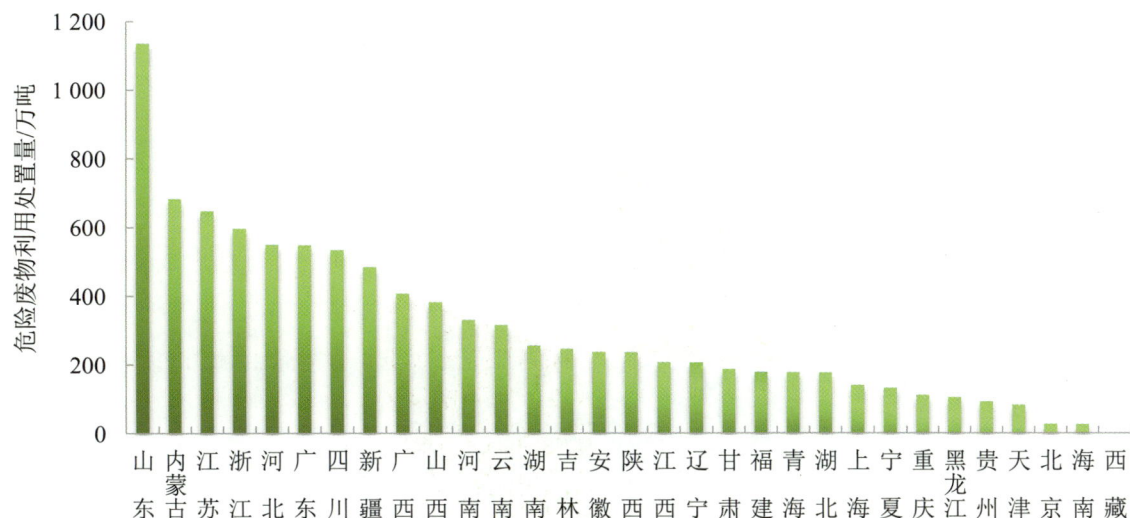

图 4-7　2022 年各地区工业危险废物利用处置情况

4.2.2　各工业行业产生和利用处置情况

工业危险废物产生量排名前五的行业依次为化学原料和化学制品制造业，有色金属冶炼和压延加工业，石油、煤炭及其他燃料加工业，黑色金属冶炼和压延加工业，电力、热力生产和供应业。5 个行业的工业危险废物产生量合计为 6 879.7 万吨，占全国工业危险废物产生量的 72.3%。2022 年各工业行业危险废物产生情况见图 4-8。

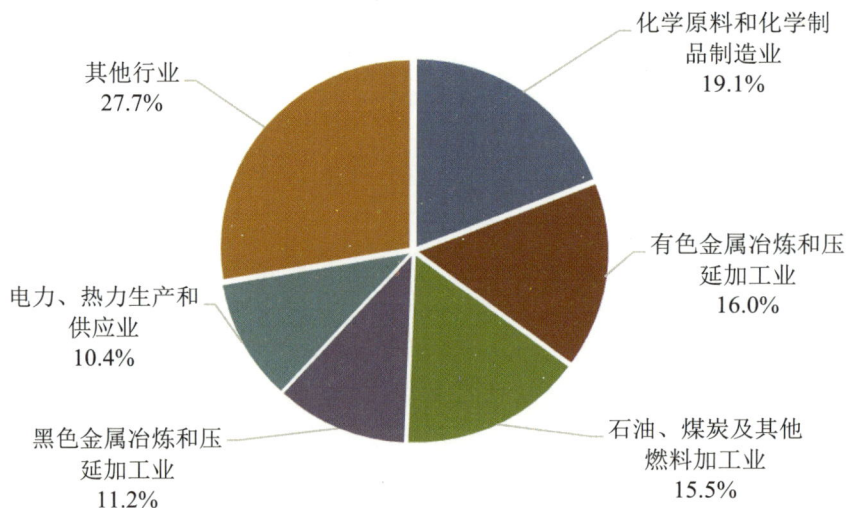

图 4-8　2022 年各工业行业危险废物产生情况

工业危险废物利用处置量排名前五的行业依次为化学原料和化学制品制造业，有色金属冶炼和压延加工业，石油、煤炭及其他燃料加工业，黑色金属冶炼和压延加工业，电力、热力生产和供应业。5 个行业的工业危险废物利用处置量合计为 6 948.3 万吨，占全国工业危险废物利用处置量的 73.6%。2022 年各工业行业危险废物利用处置情况见图 4-9。

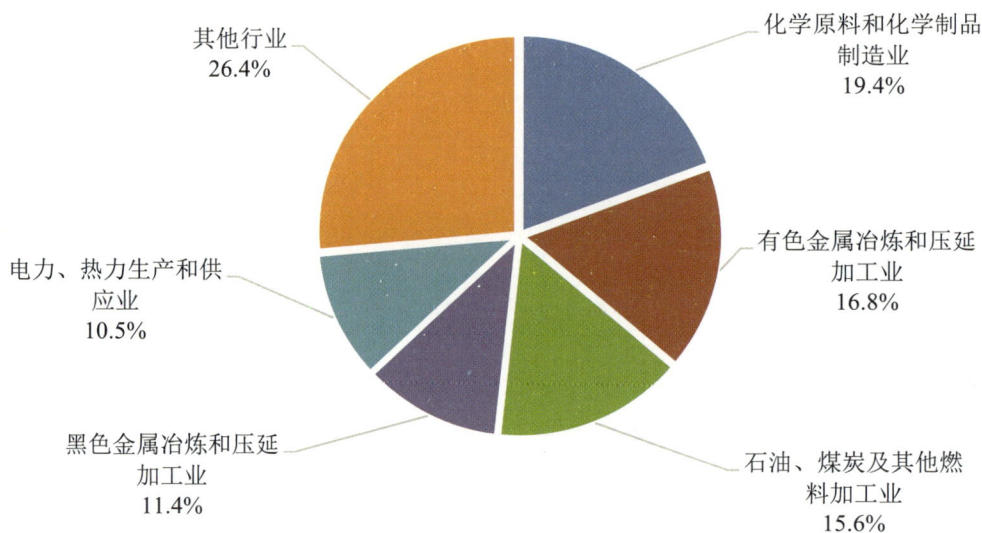

图 4-9　2022 年各工业行业危险废物利用处置情况

4.3　化学品环境国际公约管控物质生产或库存总体情况

按照《化学品环境国际公约管控物质统计调查制度》（国统制〔2021〕60号），对全氟辛基磺酸及其盐类和全氟辛基磺酰氟、六溴环十二烷、十溴二苯醚、短链氯化石蜡、全氟辛酸及其相关化合物、汞等进行统计调查。

2022年，国内全氟辛基磺酸及其盐类和全氟辛基磺酰氟年产量0吨，年末库存量0吨；六溴环十二烷年产量0吨，年末库存量0吨；十溴二苯醚年产量约4 255吨，年末库存量约755吨；根据氯化石蜡的生产情况，估算其产品中短链氯化石蜡产量约107 430吨，估算短链氯化石蜡年末库存量约3 342吨；全氟辛酸及其相关化合物年产量约2 133吨，年末库存量约334吨；汞的年产量约818吨，其中再生汞年产量约647吨。

5

污染治理设施

5.1 工业企业污染治理情况

5.1.1 工业废水治理情况

2022 年，全国纳入排放源统计调查的涉水工业企业共有 80 586 家，废水治理设施共有 72 848 套，设计处理能力为 1.8 亿吨/日，治理设施运行费用为 713.9 亿元，全年共处理工业废水 301.6 亿吨。工业废水治理设施数量排名前五的地区依次为浙江、广东、江苏、山东和四川，工业废水处理量排名前五的地区依次为河北、福建、江苏、山东和安徽。2022 年各地区工业废水治理设施数量见图 5-1。2022 年各地区工业废水处理量见图 5-2。

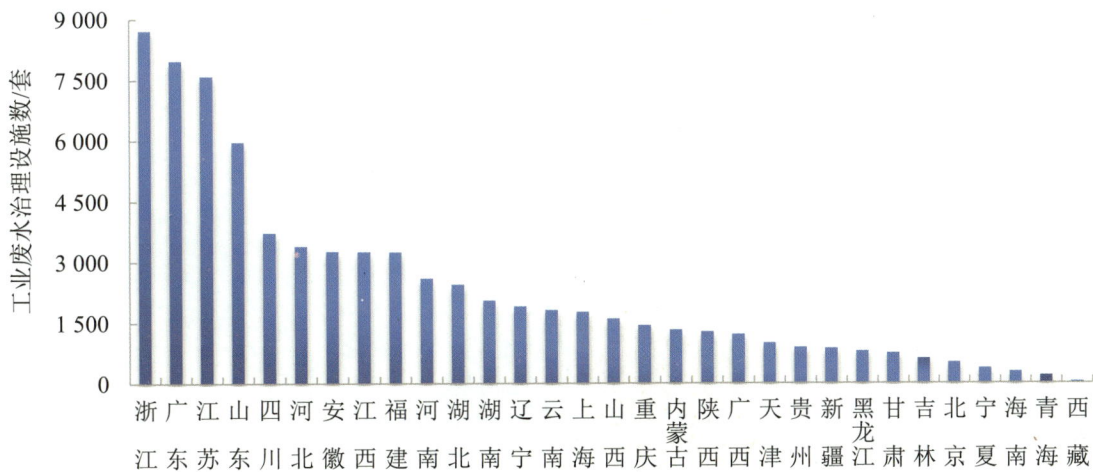

图 5-1　2022 年各地区工业废水治理设施数量

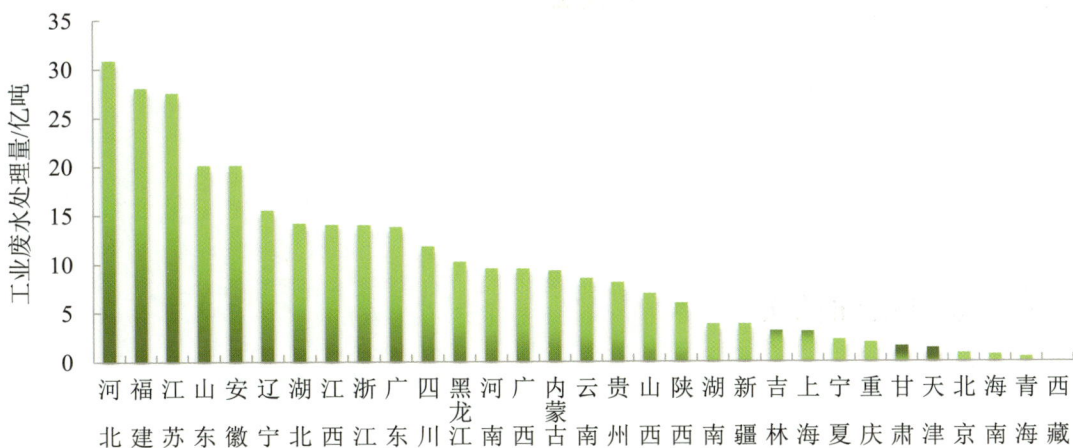

图 5-2　2022 年各地区工业废水处理量

在统计调查的 42 个工业行业中，废水治理设施数量排名前五的行业依次为农副食品加工业，化学原料和化学制品制造业，金属制品业，纺织业，医院制造业。工业废水处理量排名前五的行业依次为黑色金属冶炼和压延加工业，电力、热力生产和供应业，化学原料和化学制品制造业，造纸和纸制品业，纺织业。2022 年工业行业废水治理设施数量占比见图 5-3。2022 年工业行业废水处理量占比见图 5-4。

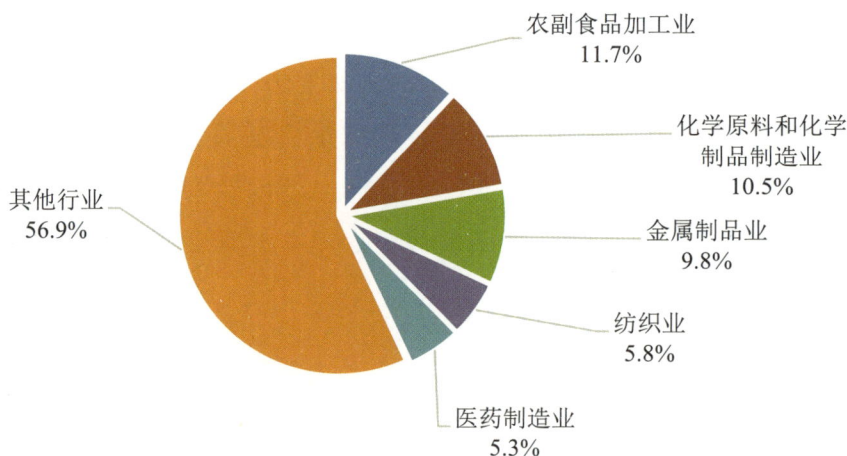

图 5-3　2022 年工业行业废水治理设施数量占比

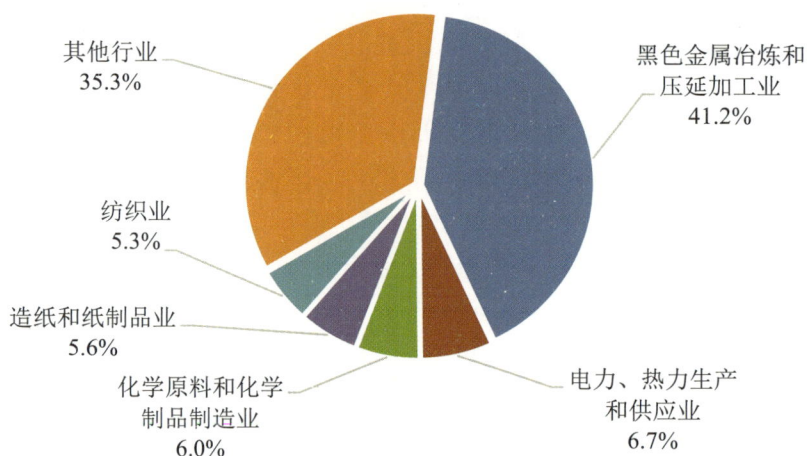

图 5-4　2022 年工业行业废水处理量占比

5.1.2　工业废气治理情况

2022 年，全国纳入排放源统计调查的涉气工业企业共有 153 196 家，废气治理设施共有 394 538 套，其中，脱硫设施 34 093 套，脱硝设施 24 136 套，除尘设施 183 427 套，VOCs 治理设施 109 827 套，治理设施运行费用为 2 234.3 亿元。工业废气治理设施数量排名前五的地区依次为山东、广东、江苏、浙江和河北。2022 年各地区工业废气治理设施数量见图 5-5。

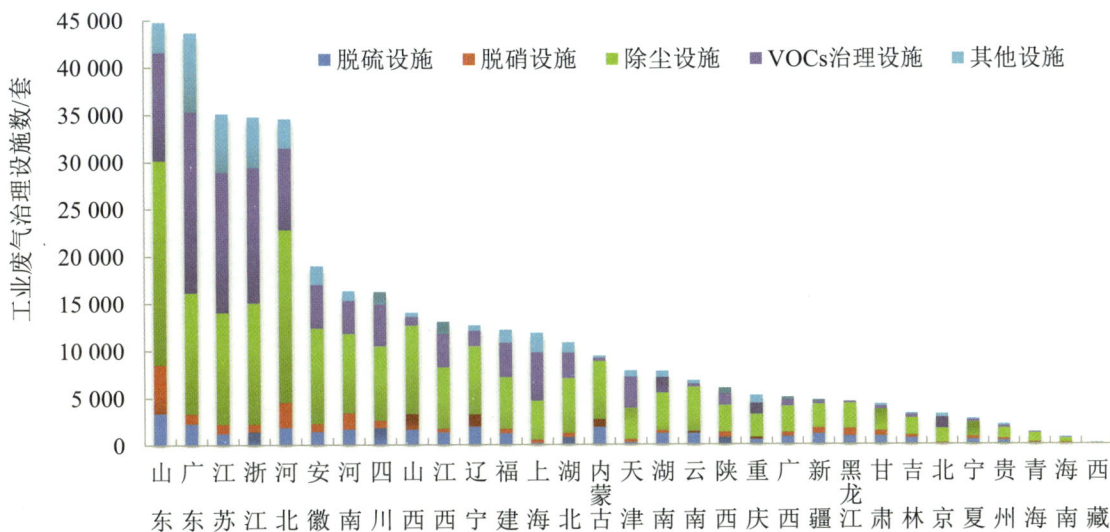

图 5-5　2022 年各地区工业废气治理设施数量

在统计调查的 42 个工业行业中，废气治理设施数量排名前五的行业依次为非金属矿物制品业，金属制品业，化学原料和化学制品制造业，电力、热力生产和供应业，橡胶和塑料制品业。2022 年工业行业废气治理设施数量占比见图 5-6。

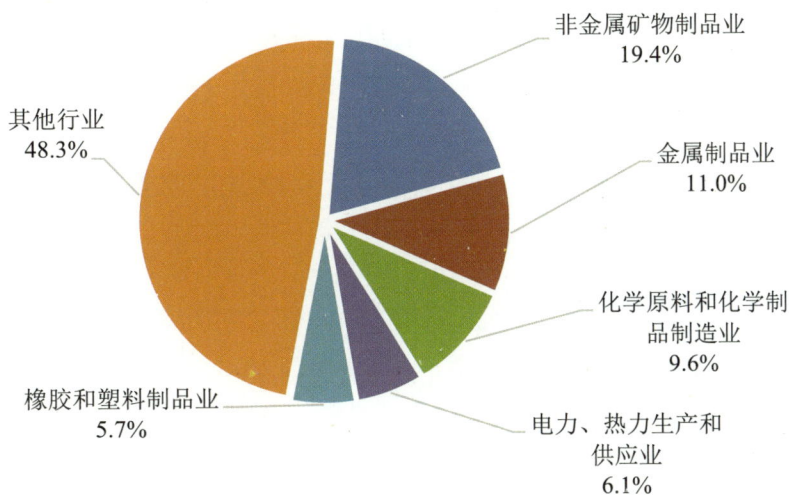

图 5-6　2022 年工业行业废气治理设施数量占比

5.2 集中式污染治理设施污染治理情况

5.2.1 污水处理厂情况

2022 年，全国纳入调查的污水处理厂共有 13 527 家，污水处理厂设计处理能力为 31 621.8 万吨/日，年运行费用为 1 241.3 亿元。污水处理厂数量排名前五的地区依次为四川、广东、江苏、湖北和重庆。5 个地区的污水处理厂共 5 710 家，占全国污水处理厂总数的 42.2%。2022 年各地区污水处理厂数量见图 5-7。

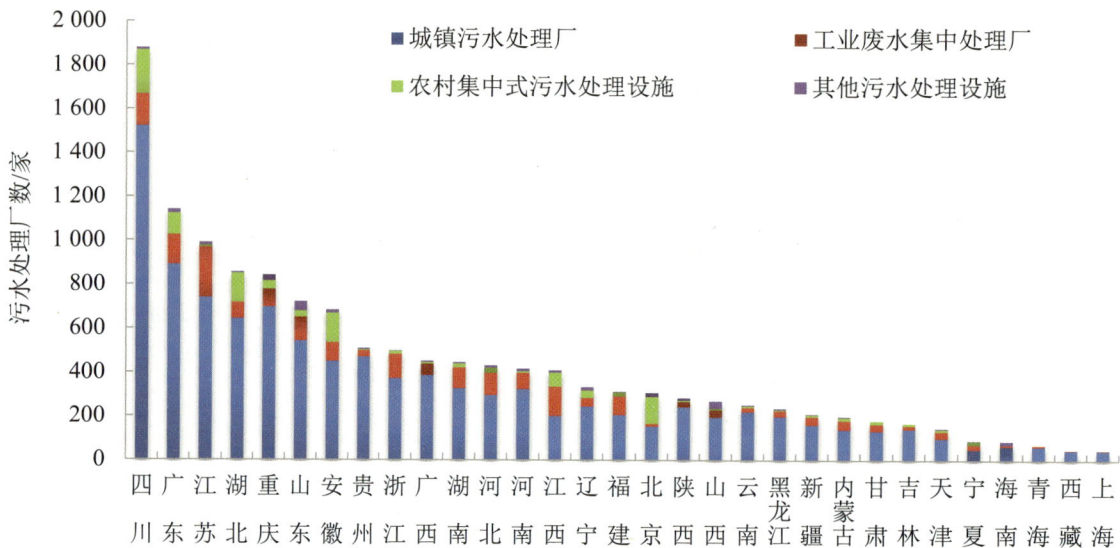

图 5-7　2022 年各地区污水处理厂数量

2022 年共处理污水 895.0 亿吨，其中，处理生活污水 793.4 亿吨，占污水总处理量的 88.7%。污水处理量排名前五的地区依次为广东、江苏、山东、浙江和河南。5 个地区的污水处理量为 368.0 亿吨，占全国污水处理量的 41.1%。全国污水处理厂共去除化学需氧量 1 945.6 万吨、氨氮 210.0 万吨、总氮 235.2 万吨、总磷 30.8 万吨。污水处理厂的污泥产生量为 4 757.9 万吨，污泥处置量为 4 737.5 万吨。2022 年各地区污水处理量见图 5-8。

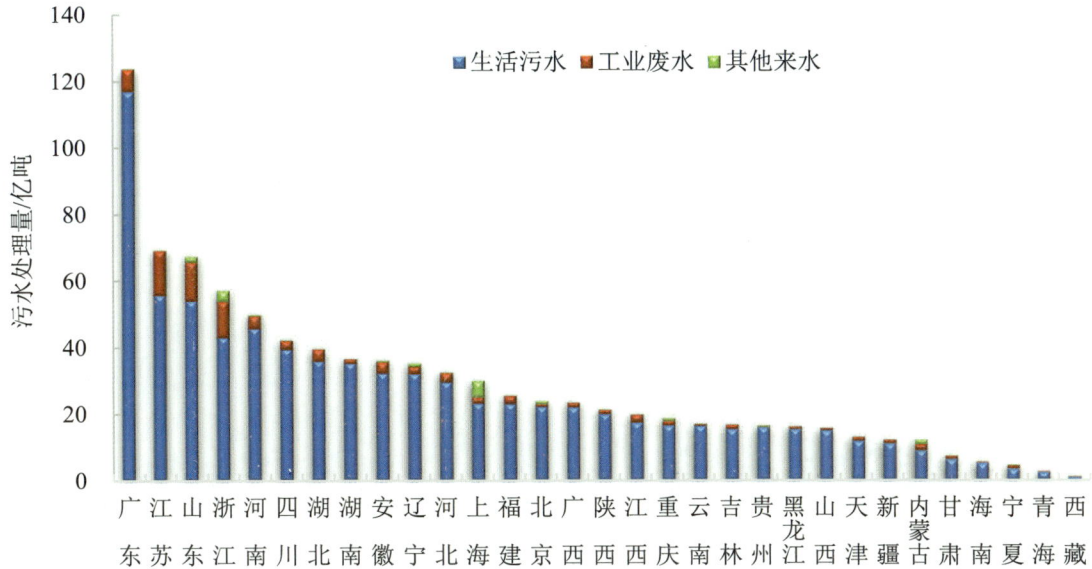

图 5-8　2022 年各地区污水处理量

5.2.2　生活垃圾处理场（厂）情况

2022 年，全国纳入调查的生活垃圾处理场（厂）共 2 645 家（含餐厨垃圾集中处理厂 95 家），年运行费用为 199.9 亿元。

生活垃圾处理场（厂）废水（含渗滤液）中化学需氧量排放量为 10 106.5 吨，氨氮排放量为 1 100.5 吨；焚烧废气二氧化硫排放量为 2 105.7 吨，氮氧化物排放量为 11 155.6 吨，颗粒物排放量为 255.2 吨。

5.2.3　危险废物（医疗废物）集中处理厂情况

2022 年，全国纳入调查的危险废物集中处理厂 1 803 家，医疗废物（单独）集中处置厂 441 家，协同处置的企业 268 家，年运行费用为 470.5 亿元。2022 年各地区危险废物（医疗废物）集中处理厂数量见图 5-9。

危险废物利用处置量为 3 844.6 万吨，其中综合利用量为 1 972.7 万吨，处置量为 1 871.8 万吨，其中处置工业危险废物 1 459.5 万吨、医疗废物 237.0 万吨、其他危险废物 175.3 万吨。处置量中填埋量 517.1 万吨、焚烧量 768.8 万吨。废水（含渗滤液）中化学需氧量排放量为 685.8 吨，氨氮排放量为 30.8 吨；焚烧废气二氧化硫排放量为 1 133.6 吨，氮氧化物排放量为 8 042.1 吨，颗粒物排放量为 602.4 吨。2022 年各地区危险废物（医疗废物）利用处置量见图 5-10。

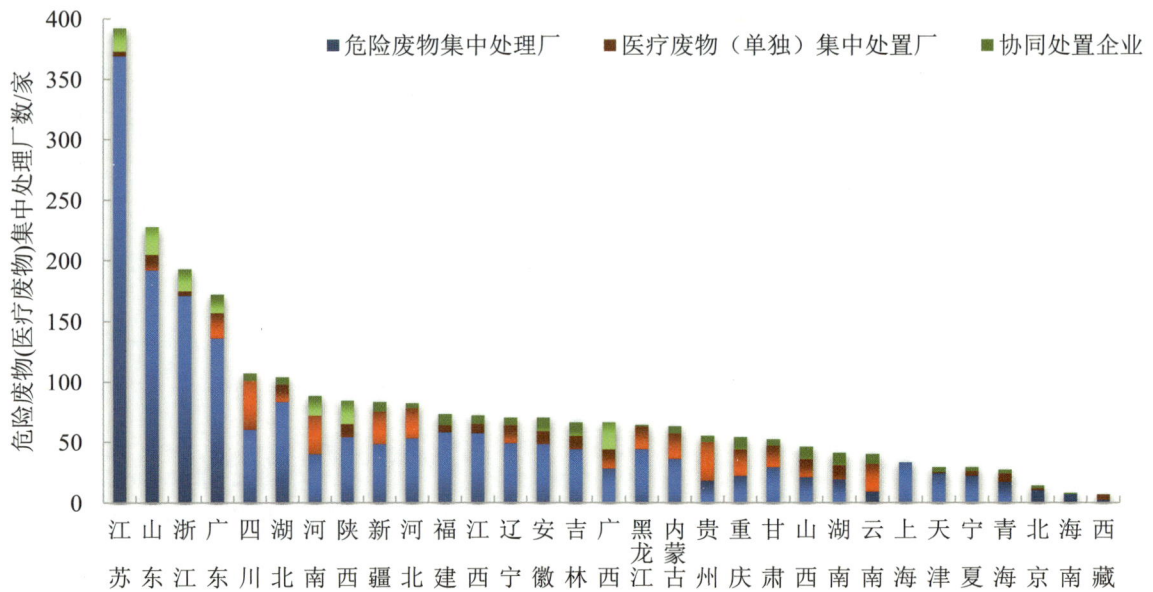

图 5-9　2022 年各地区危险废物（医疗废物）集中处理厂数量

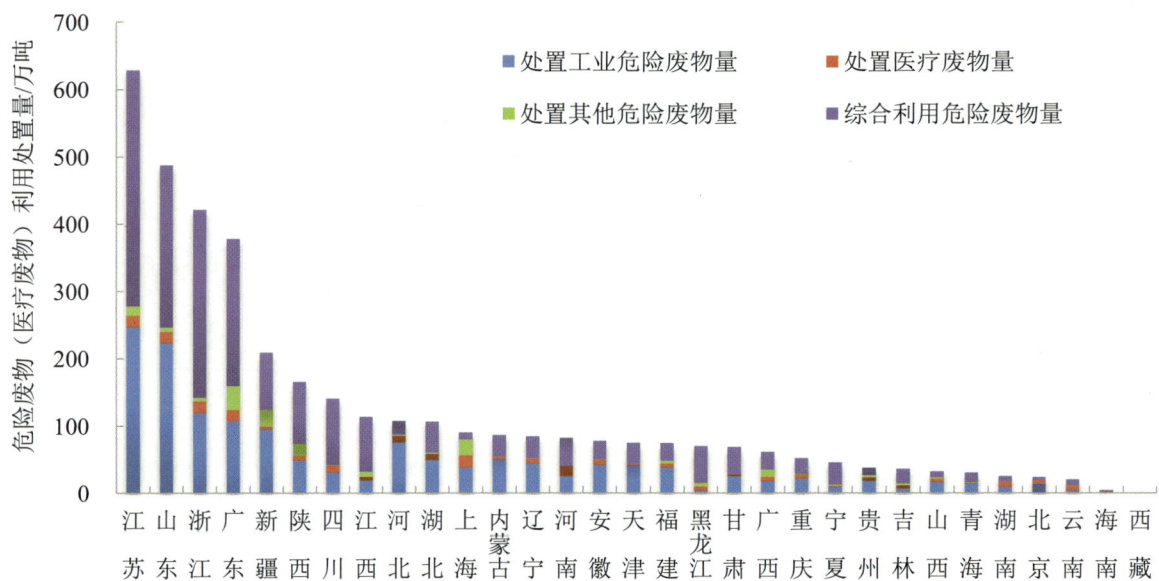

图 5-10　2022 年各地区危险废物（医疗废物）利用处置量

6

生态环境污染治理投资

6.1 总体情况

6.1.1 环境污染治理投资

环境污染治理投资包括老工业污染源治理投资、建设项目竣工验收环保投资、城市环境基础设施建设投资三个部分，其中，城市环境基础设施建设投资数据来源于住房城乡建设部门公开数据，老工业污染源治理投资、建设项目竣工验收环保投资数据来源于排放源统计调查。2022 年，全国环境污染治理投资总额为 9 013.5 亿元，占国内生产总值（GDP）的 0.7%，占全社会固定资产投资总额的 1.6%。其中，城市环境基础设施建设投资为 5 972.0 亿元，老工业污染源治理投资为 285.7 亿元，建设项目竣工验收环保投资为2 755.8 亿元，分别占环境污染治理投资总额的 66.2%、3.2% 和 30.6%。2022 年全国环境污染治理投资情况见表 6-1。

表 6-1   2022 年全国环境污染治理投资情况   单位：亿元

城市环境基础设施建设投资	老工业污染源治理投资	建设项目竣工验收环保投资	投资总额
5 972.0	285.7	2 755.8	9 013.5

注：从 2012 年起，城市环境基础设施建设投资中包括城市的环境基础设施建设投资以及县城的相关投资，下同。

6.1.2 各地区环境污染治理投资

2022 年，全国环境污染治理投资总额为 9 013.5 亿元，除西藏、海南、青海、宁夏、吉林外，其余 26 个地区环境污染治理投资总额均超过 100 亿元。2022 年各地区环境污染治理投资情况见图 6-1。

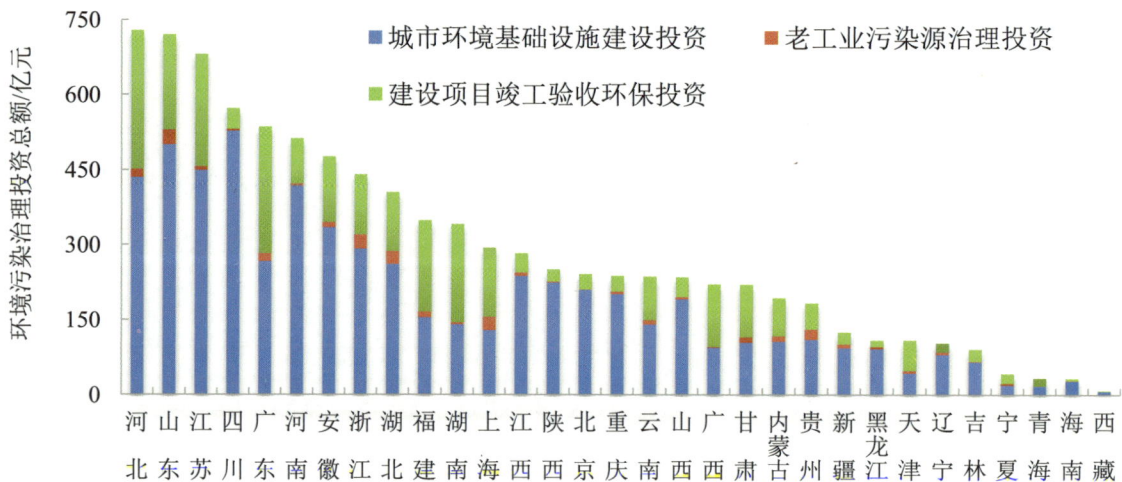

图 6-1   2022 年各地区环境污染治理投资情况

6.2 城市环境基础设施建设投资

2022 年，城市环境基础设施建设投资总额为 5 972.0 亿元。其中，燃气工程建设投资为 370.5 亿元，集中供热工程建设投资为 517.1 亿元，排水工程建设投资为 2 676.8 亿元，园林绿化工程建设投资为 1 700.2 亿元，市容环境卫生工程建设投资为 707.5 亿元，分别占城市环境基础设施建设投资总额的 6.2%、8.7%、44.8%、28.5% 和 11.8%。2022 年全国城市环境基础设施建设投资构成见表 6-2。

表 6-2　2022 年全国城市环境基础设施建设投资构成　　　　　单位：亿元

投资总额	燃气	集中供热	排水	园林绿化	市容环境卫生
5 972.0	370.5	517.1	2 676.8	1 700.2	707.5

6.3 老工业污染源治理投资

2022 年，老工业污染源污染治理施工项目为 3 158 个。其中，废水、废气、固体废物、噪声和其他治理项目分别为 378 个、2 144 个、102 个、35 个和 119 个，分别占本年施工项目数的 12.0%、67.9%、3.2%、1.1% 和 3.8%。

老工业污染源污染治理投资总额为 285.7 亿元。其中，废水、废气、固体废物、噪声和其他治理项目投资分别为 37.7 亿元、198.4 亿元、12.6 亿元、0.4 亿元和 36.6 亿元，分别占老工业污染源治理投资额的 13.2%、69.5%、4.4%、0.1% 和 12.8%。2022 年全国老工业污染源治理投资构成见表 6-3。

表 6-3　2022 年全国老工业污染源治理投资构成　　　　　单位：亿元

投资总额	废水	废气	固体废物	噪声	其他
285.7	37.7	198.4	12.6	0.4	36.6

6.4 建设项目竣工验收环保投资

2022 年，建设项目竣工验收环保投资总额为 2 755.8 亿元，占建设项目投资总额的 1.6%。其中，废水、废气、固体废物、噪声和其他环保投资分别为 727.7 亿元、994.5 亿元、162.0 亿元、104.1 亿元和 767.5 亿元，分别占建设项目竣工验收环保投资总额的 26.4%、36.1%、5.9%、3.8%和 27.9%。2022 年全国建设项目竣工验收环保投资构成见表 6-4。

表 6-4　2022 年全国建设项目竣工验收环保投资构成　　　　　　　　　　单位：亿元

投资总额	废水	废气	固体废物	噪声	其他
2 755.8	727.7	994.5	162.0	104.1	767.5

7

生态环境管理

7.1 生态环境信访和建议提案办理情况

2022 年，全国生态环境系统紧紧围绕生态环境中心工作，明确目标方向，深化生态环境信访投诉工作机制改革，积极推进治理重复信访、化解信访积案专项工作，生态环境信访工作秩序平稳有序，中央信访联席办、国家信访局予以充分肯定。建议提案办理工作坚持高标准、高质量、高效率，强化综合分析，密切沟通联系，严格审核把关，落实跟踪问效，圆满完成建议提案办理工作，继续实现主办件沟通率、按期办结率、代表委员满意率三个百分之百。生态环境部被政协全国委员会评为建议提案先进承办单位。

2022 年，全国生态环境系统共登记办理微信举报 226 417 件、网络举报 27 821 件、来信来访 59 084 件（其中，部本级办理来信来访 4 252 件）；全国生态环境系统共承办各级人大建议 6 130 件、政协提案 6 364 件（其中，部本级承办人大建议 818 件、政协提案 476 件）。

7.2 生态环境法规与标准情况

2022 年，全国生态环境法制建设更加完善，法治保障更加有力，依法行政的制度约束更加严格。生态环境部积极配合立法机关，推动《中华人民共和国黑土地保护法》《中华人民共和国黄河保护法》出台，积极推进海洋环境保护法、青藏高原生态保护法、消耗臭氧层物质管理条例、碳排放权交易管理暂行条例等法律法规制定、修订，围绕蓝天、碧水、净土三大保卫战扎实推进配套规章制度修订，出台 3 项部门规章。

2022 年，共发布国家生态环境标准 80 项，其中污染物排放标准 5 项，生态环境基础标准 4 项，生态环境管理技术规范 17 项，生态环境监测标准 54 项。2022 年，共备案地方生态环境标准 9 项。

7.3 环保产业情况

2022 年，蓝天、碧水、净土保卫战和碳达峰行动扎实推进，生态环境保护需求进一步释放。中央生态环境专项资金规模保持增长，绿色价格与税收优惠政策不断完善，环境技术标准体系不断完善，生态环境导向的开发（EOD）模式、环境污染第三方治理、环境综合治理托管服务模式等环境治理模式不断探索实践，生态环境治理市场化进程不断深化。2022 年，环保产业市场需求进一步释放，产业能力水平得到进一步提升，产业规模进一步扩大。据测算，2022 年全国环保产业营业收入约 2.2 万亿元，同比增长 1.9%。

2022 年，地方各级政府积极推进清洁生产审核工作，重点行业清洁生产水平不断提高，污染物排放强度和能耗大幅降低，助力深入打好污染防治攻坚战、促进产业改造升级。2022 年，全国共有 9 444 家企业开展了清洁生产审核工作，其中 8 307 家企业开展了强制性清洁生产审核，占比 88.0%，1 137 家企业开展了自愿清洁生产审核，占比 12.0%。

7.4 生态环境科技情况

贯彻落实《百城千县万名专家生态环境科技帮扶行动计划》，组织调动全国生态环境科技工作者和科技资源投身污染防治攻坚战一线，努力构建服务型生态环境科技创新体系。组织实施细颗粒物（PM$_{2.5}$）和臭氧（O$_3$）复合污染协同防控科技攻关，深入 54 个城市开展"一市一策"驻点跟踪研究，支撑打赢蓝天保卫战；深入推进长江生态保护修复联合研究，在沿长江 53 个城市开展"一市一策"驻点跟踪研究，支撑打好长江保护修复攻坚战；在沿黄河 26 个城市开展"一市一策"驻点科技帮扶工作，支撑打好黄河保护修复攻坚战；进一步完善生态环境科技成果转化综合服务平台，入库成果达到 5 000 余项，平台累计访问量已超过 240 万人次；创新生态环境科普工作方式，印发《"十四五"生态环境科普工作实施方案》，组织开展"2022 年我是生态环境讲解员"和"大学生在行动"等品牌科普活动。联合科技部启动第 8 批国家生态环境科普基地创建工作，31 个省（自治区、直辖市）和新疆生产建设兵团的 388 家单位申报，数量创历史新高。加强部级创新平台建设，批准建设长江中下游水生态健康重点实验室，并组织开展部分重点实验室绩效评估工作，完成《2021 年度重点实验室年度进展工作报告》，促进规范化管理。

7.5 自然生态保护监管情况

2022 年，全国 106 个地区被命名为生态文明建设示范区，51 个地区被命名为"绿水青山就是金山银山"实践创新基地。生态文明示范创建工作带动了区域生态环境质量改善、绿色高质量发展和生态文明各项建设改革任务落地见效，引导创新基地聚焦价值转化路径和模式探索，提高生态文明建设水平。

全国生态保护红线划定工作全面完成，划定陆域生态保护红线面积约 304 万平方千米，占我国陆域国土面积比例超过 30%，海洋生态保护红线面积约 15 万平方千米。国家生态保护红线监管平台上线运行。自然资源部、生态环境部和国家林草局印发《关于加强生态保护红线管理的通知（试行）》，明确生态保护红线人为活动管控、占用生态保护红线用地用海审批和生态保护红线监管有关要求。生态环境部印发《生态保护红线生态环境监督办法（试行）》，明确生态保护红线生态环境监督责任主体、事项和措施，完善程序性规定，依法依规、有序指导和规范开展全国生态保护红线生态环境监督工作。

财政部、自然资源部和生态环境部联合组织开展"十四五"第二批山水林田湖草沙一体化保护和修复工程项目评审，将河南秦岭东段洛河流域山水林田湖草沙一体化保护和修复工程等 9 个工程项目纳入支持范围。生态环境部印发《生态保护修复成效评估技术指南（试行）》，规范生态保护修复工程成效评估工作。开展"十三五"期间山水林田湖草生态保护修复工程实施生态环境成效评估，对 25 个试点开展生态环境成效评估。

7.6 入河排污口监督管理情况

2022 年，国务院办公厅印发《关于加强入河入海排污口监督管理工作的实施意见》，生态环境部印发《关于贯彻落实〈国务院办公厅关于加强入河入海排污口监督管理工作的实施意见〉的通知》，持续推进入河排污口排查整治工作。截至 2022 年年底，全国累计排查河湖岸线 24.5 万千米，排查出入河排污口 16.6 万余个，其中约 30%已开展整治。制定印发《流域海域局入河排污口设置审批范围划分方案》，建成在线审批平台，推行集成服务、一网通办等措施，提升服务效率，实现便民惠企，2022 年各级生态环境部门共审批入河排污口 2 600 余个。

7.7 海洋废弃物倾倒和污染物排放入海情况

2022 年，全国涉海部门、沿海地区坚持陆海统筹、部门协同、上下联动，以海洋生态环境突出问题为导向，以海洋生态环境质量改善为核心，合力推动实施《"十四五"海洋生态环境保护规划》《重点海域综合治理攻坚战行动方案》，扎实推进陆海污染防治、生态保护修复、环境风险防范等重点任务措施，稳步推进美丽海湾建设。

中国作为《防止倾倒废物及其他物质污染海洋的公约》（即《伦敦公约》）及其《1996年议定书》的缔约国，一直高度重视海洋废弃物倾倒的环境保护管理工作。2022 年，全国管辖海域废弃物倾倒量 32 366 万立方米，倾倒物质主要为清洁疏浚物；全国海洋油气平台生产水、生活污水、钻井泥浆和钻屑的排海量分别为 20 978.6 万立方米、122.1 万立方米、14.1 万立方米和 12.7 万立方米。

7.8 环境影响评价与排污许可情况

全国环境影响评价持续深化改革，推动经济持续回升向好、实现质的有效提升和量的合理增长。印发《关于做好重大投资项目环评工作的通知》，完善环评审批"三本台账"，服务重大项目落地。印发钢铁/焦化、现代煤化工、石化、火电四个行业建设项目环境影响评价文件审批原则，持续做好"两高"项目清单化管理。2022年，全国审批建设项目环境影响评价文件12.7万项，完成环境影响登记表备案38.0万项；审批的建设项目投资总额245 069.6亿元，环保投资总额7 546.9亿元。

推进全面实行排污许可制，强化排污许可"一证式"管理，持续做好排污许可发证、登记动态更新，将全国344.7万个固定污染源纳入排污管理范围，其中核发重点管理许可证9.9万张、简化管理许可证26.0万张，登记管理308.5万家，实行许可管理的水、大气污染物排放口分别为25.7万个、98.0万个。

强化生态环境分区管控立法保障，推动生态环境分区管控纳入黄河保护法、34部省级和多部市级地方性法规。推进"三线一单"生态环境分区管控实施应用、更新调整、监督管理等工作，发布第四批13个落地应用典型案例。探索将碳达峰碳中和要求纳入生态环境分区管控体系，在16个城市开展生态环境分区管控减污降碳协同试点。

7.9　生态环境监测情况

2022年，生态环境监测体制机制更加顺畅、监测网络更加完善。印发《生态环境智慧监测创新应用试点工作方案》，组织开展智慧监测创新应用试点工作。印发《长江流域水生态监测方案（试行）》，开展长江流域水生态考核试点监测。印发《"十四五"国家农业面源污染监测评估实施方案》和《国家地下水环境质量考核点位管理办法（试行）》，不断完善生态环境监测网络。印发《生态环境卫星中长期发展规划（2021—2035年）》，推动发射3颗卫星服务支撑精准治污。在重点行业、城市、区域三个层面开展碳监测评估试点工作，初步构建碳监测技术体系。创新生态质量监测央地合作及部门间合作模式，发布2021年全国生态质量评价结果。强化监测支撑服务，圆满完成北京冬奥会和冬残奥会等重大活动期间环境质量监测预报保障任务。完成长江经济带水质监测质控和应急平台建设，不断加强水质监测数据质量保证和质量控制。

2022年，全国生态环境监测用房总面积411.2万平方米，监测业务经费为211.2亿元。原值超过10万元或使用频次较高的环境监测仪器10.5万台（套），仪器设备原值176.5亿元。全国共设立环境空气质量监测点位15 143个，酸雨监测点位1 767个，沙尘天气影响环境质量监测点位280个；地表水水质监测断面35 129个，集中式饮用水水源地监测点位19 419个；开展声环境质量监测的监测点位309 536个；开展污染源监督性监测的重点企业74 833家。

7.10 生态环境执法情况

重点排污单位依法安装自动监测设备并与生态环境部门监控设备联网，是《中华人民共和国水污染防治法》《中华人民共和国大气污染防治法》等法律规定的一项重要环境管理制度，是加强生态环境监管、落实排污单位主体责任的重要手段，污染源自动监测数据在排污单位强化自身管理和生态环境部门提高执法监管效能方面发挥着重要作用。

2022 年，全国已实施自动监控的重点排污单位 51 295 家，涉及废水自动监控排放口 35 162 个、废气自动监控排放口 50 268 个，同比分别上升 9.6%、12.8%、12.9%。实施自动监控的重点排污单位中，化学需氧量、氨氮、二氧化硫、氮氧化物和烟尘监控设备与生态环境部门稳定联网单位分别为 31 087 家、28 838 家、32 032 家、33 550 家和 38 810 家。

2022 年，各级生态环境部门继续保持"严"的主基调，围绕优化执法方式、提高执法效能的主线，深化"放管服"改革要求，健全机制，创新举措，不断推进"双随机、一公开"监管全覆盖、制度化、规范化。建立检查对象名录库 2 082 个，纳入污染源企业（单位）199.5 万家，建立检查人员信息库 1 863 个，纳入检查人员 4.4 万人。全国采取"双随机、一公开"方式开展执法检查 51.0 万家次。其中，抽查一般监管对象 35.6 万家次，重点监管对象 12.1 万家次，特殊监管对象 2.6 万家次。各级生态环境部门共参加跨部门联合监管活动 6 680 次，共抽查企业 3.2 万家次。全国共下达环境行政处罚决定书 9.1 万份，罚没款金额总计 76.7 亿元。

7.11 环境应急情况

2022 年，全国共发生突发环境事件 113 起，同比下降 43.2%。其中，重大事件 2 起（贵州省盘州市宏盛煤焦化有限公司洗油泄漏次生重大突发环境事件、江西齐劲材料有限公司违法排污致锦江流域铊污染重大突发环境事件）、较大事件 0 起、一般事件 111 起。

8

辐射环境水平

8.1 环境电离辐射

2022 年，全国环境电离辐射水平处于本底涨落范围内。γ辐射空气吸收剂量率和累积剂量处于当地天然本底涨落范围内。空气中天然放射性核素活度浓度处于本底水平，人工放射性核素活度浓度未见异常。长江、黄河、珠江、松花江、淮河、海河、辽河七大流域和浙闽片河流、西北诸河、西南诸河及重要湖泊（水库）中天然放射性核素活度浓度处于本底水平，人工放射性核素活度浓度未见异常。城市集中式地表水水源地和地下水水源地水中总α、总β活度浓度低于《生活饮用水卫生标准》（GB 5749—2006）规定的指导值。近岸海域海水和海洋生物中天然放射性核素活度浓度处于本底水平，人工放射性核素活度浓度未见异常，其中，海水中人工放射性核素活度浓度远低于《海水水质标准》（GB 3097—1997）规定的限值。土壤中天然放射性核素活度浓度处于本底水平，人工放射性核素活度浓度未见异常。

8.2 核设施周围环境电离辐射

运行核电基地、民用研究堆、核燃料循环设施、放射性废物处置设施周围环境γ辐射空气吸收剂量率，空气、水、土壤、生物等环境介质中与设施活动相关的放射性核素活度浓度总体处于历年涨落范围内。上述设施运行的辐射剂量均远低于国家规定的剂量限值。

8.3 铀矿冶设施周围环境电离辐射

铀矿冶设施周围环境γ辐射空气吸收剂量率，空气、水和土壤中与设施活动相关的放射性核素活度浓度总体处于历年涨落范围内。

8.4 电磁辐射

2022 年，31 个省（自治区、直辖市）环境电磁辐射国控监测点的电磁辐射水平，监测的广播电视发射设施、输变电设施、移动通信基站周围电磁环境敏感目标处的电磁辐射水平总体低于《电磁环境控制限值》（GB 8702—2014）规定的公众曝露控制限值。

9

各地区污染排放及治理统计

各地区主要污染物排放情况（一）
Discharge of Key Pollutants by Region（1）
（2022）

单位：吨   （ton）

年份/地区	Year/Region	化学需氧量排放量 Total Volume of COD Discharged	工业源 Industrial	农业源 Agricultural	生活源 Household	集中式污染治理设施 Centralized Treatment
	2020	26 367 574	497 323	16 652 285	9 188 875	29 091
	2021	26 147 312	422 917	17 597 360	8 117 563	9 472
	2022	25 958 408	368 778	17 857 066	7 721 771	10 792
北　京	BEIJING	44 834	1 335	11 770	31 711	19
天　津	TIANJIN	155 365	2 301	126 643	26 405	16
河　北	HEBEI	1 527 761	10 377	1 206 756	310 521	107
山　西	SHANXI	681 429	3 547	513 601	164 073	207
内蒙古	INNER MONGOLIA	791 370	4 750	673 143	113 390	87
辽　宁	LIAONING	1 214 518	10 160	1 031 597	168 986	3 774
吉　林	JILIN	887 126	5 618	768 318	112 967	223
黑龙江	HEILONGJIANG	887 350	5 979	751 271	129 985	114
上　海	SHANGHAI	77 724	7 941	8 535	61 117	131
江　苏	JIANGSU	1 240 065	54 204	760 719	424 894	249
浙　江	ZHEJIANG	468 657	40 930	87 485	339 974	269
安　徽	ANHUI	1 345 953	12 224	883 384	450 271	74
福　建	FUJIAN	563 196	15 840	210 510	336 651	195
江　西	JIANGXI	1 076 185	15 888	719 042	341 052	202
山　东	SHANDONG	1 420 555	36 953	939 430	444 072	100
河　南	HENAN	1 847 950	12 571	1 314 273	520 962	144
湖　北	HUBEI	1 540 824	11 531	1 104 885	424 297	110
湖　南	HUNAN	1 593 795	10 862	1 231 607	351 117	209
广　东	GUANGDONG	1 544 620	33 794	780 559	730 003	265
广　西	GUANGXI	922 694	15 369	520 013	386 668	644
海　南	HAINAN	182 665	3 774	108 078	70 785	28
重　庆	CHONGQING	325 723	7 751	196 862	120 996	115
四　川	SICHUAN	1 268 793	14 693	721 122	532 636	342
贵　州	GUIZHOU	1 179 538	3 172	938 892	237 188	286
云　南	YUNNAN	658 676	7 625	419 848	230 363	841
西　藏	TIBET	132 808	91	94 940	37 700	77
陕　西	SHAANXI	453 029	6 537	189 036	256 188	1 268
甘　肃	GANSU	683 112	2 306	584 743	95 529	534
青　海	QINGHAI	293 731	1 552	222 195	69 922	62
宁　夏	NINGXIA	257 644	2 275	228 353	26 974	43
新　疆	XINJIANG	690 718	6 829	509 459	174 373	58

注：根据统计部门提供的2020年和2021年各省（自治区、直辖市）畜禽养殖业蛋鸡存栏量、肉鸡出栏量数据，按照有关规定对2020年和2021年农业源废水污染物排放量进行回溯修订，废水污染物排放总量数据同步修订，下同。

各地区主要污染物排放情况（二）
Discharge of Key Pollutants by Region（2）
（2022）

单位：吨 （ton）

年份/ 地区	Year/ Region	氨氮 排放量 Total Volume of Ammonia Nitrogen Discharged	工业源 Industrial	农业源 Agricultural	生活源 Household	集中式污染 治理设施 Centralized Treatment
	2020	992 747	21 216	262 509	706 572	2 450
	2021	876 846	17 109	278 159	580 370	1 208
	2022	820 341	13 621	280 577	525 012	1 131
北 京	BEIJING	2 040	23	188	1 828	1
天 津	TIANJIN	2 124	51	1 194	877	3
河 北	HEBEI	33 102	418	15 068	17 610	6
山 西	SHANXI	14 688	119	6 110	8 444	15
内蒙古	INNER MONGOLIA	15 702	246	9 064	6 379	13
辽 宁	LIAONING	15 449	322	9 016	5 901	211
吉 林	JILIN	11 595	239	7 059	4 258	39
黑龙江	HEILONGJIANG	13 245	427	8 954	3 843	21
上 海	SHANGHAI	2 660	199	271	2 188	2
江 苏	JIANGSU	40 120	1 920	16 172	22 016	13
浙 江	ZHEJIANG	28 683	535	6 011	22 115	23
安 徽	ANHUI	43 081	557	18 474	24 036	14
福 建	FUJIAN	36 313	529	11 666	24 088	30
江 西	JIANGXI	43 705	1 056	16 380	26 222	47
山 东	SHANDONG	44 870	1 106	15 507	28 252	5
河 南	HENAN	46 613	563	17 168	28 853	29
湖 北	HUBEI	54 991	611	21 053	33 313	14
湖 南	HUNAN	57 179	451	25 262	31 427	40
广 东	GUANGDONG	74 958	1 187	16 193	57 545	33
广 西	GUANGXI	47 908	495	15 824	31 443	146
海 南	HAINAN	6 718	105	1 779	4 829	5
重 庆	CHONGQING	17 549	288	3 633	13 621	7
四 川	SICHUAN	58 002	738	10 915	46 293	57
贵 州	GUIZHOU	23 744	255	6 965	16 471	53
云 南	YUNNAN	21 971	330	6 914	14 630	97
西 藏	TIBET	3 665	3	396	3 249	17
陕 西	SHAANXI	23 813	281	2 156	21 256	121
甘 肃	GANSU	5 435	125	3 134	2 127	49
青 海	QINGHAI	5 985	75	1 224	4 676	10
宁 夏	NINGXIA	2 064	63	1 126	868	6
新 疆	XINJIANG	22 367	305	5 701	16 358	4

各地区主要污染物排放情况（三）
Discharge of Key Pollutants by Region（3）
（2022）

单位：吨   (ton)

年份/ 地区	Year/ Region	二氧化硫 排放量 Total Volume of Sulphur Dioxide Discharged	工业源 Industrial	生活源 Household	集中式污染 治理设施 Centralized Treatment
2020		**3 182 201**	**2 531 511**	**648 061**	**2 629**
2021		**2 747 810**	**2 096 584**	**648 616**	**2 610**
2022		**2 435 242**	**1 834 938**	**597 065**	**3 239**
北　京	BEIJING	1 078	799	278	1
天　津	TIANJIN	6 455	6 227	209	19
河　北	HEBEI	146 246	124 402	21 713	132
山　西	SHANXI	128 523	90 866	37 625	32
内蒙古	INNER MONGOLIA	202 704	147 641	55 022	41
辽　宁	LIAONING	130 542	82 831	47 357	354
吉　林	JILIN	55 121	35 552	19 490	79
黑龙江	HEILONGJIANG	102 592	46 245	56 316	30
上　海	SHANGHAI	6 708	6 530	163	15
江　苏	JIANGSU	74 834	71 112	3 304	418
浙　江	ZHEJIANG	40 572	39 605	795	172
安　徽	ANHUI	71 108	68 570	2 432	106
福　建	FUJIAN	60 020	52 159	7 812	49
江　西	JIANGXI	76 023	59 634	16 289	100
山　东	SHANDONG	145 926	108 334	37 498	94
河　南	HENAN	58 925	53 005	5 905	14
湖　北	HUBEI	85 044	46 243	38 770	31
湖　南	HUNAN	69 592	38 076	31 047	469
广　东	GUANGDONG	88 217	72 418	15 512	287
广　西	GUANGXI	61 635	57 136	4 438	61
海　南	HAINAN	3 567	3 566	...	1
重　庆	CHONGQING	45 947	36 837	9 077	33
四　川	SICHUAN	122 221	91 560	30 616	45
贵　州	GUIZHOU	122 506	90 098	32 252	156
云　南	YUNNAN	184 629	116 326	68 199	103
西　藏	TIBET	2 684	981	1 703	...
陕　西	SHAANXI	67 222	46 177	20 730	315
甘　肃	GANSU	76 675	60 367	16 288	19
青　海	QINGHAI	41 039	39 748	1 288	3
宁　夏	NINGXIA	54 846	53 188	1 657	1
新　疆	XINJIANG	102 044	88 706	13 278	60

各地区主要污染物排放情况（四）
Discharge of Key Pollutants by Region（4）
（2022）

单位：吨 (ton)

年份/ 地区	Year/ Region	氮氧化物 排放量 Total Volume of Nitrogen Oxide Discharged	工业源 Industrial	生活源 Household	移动源 Vehicle	集中式污染 治理设施 Centralized Treatment
	2020	10 196 558	4 174 959	333 806	5 669 200	18 592
	2021	9 883 783	3 688 711	358 851	5 820 971	15 249
	2022	8 957 397	3 332 578	338 840	5 266 782	19 198
北 京	BEIJING	74 180	9 765	8 600	55 803	12
天 津	TIANJIN	88 416	21 223	3 026	64 040	126
河 北	HEBEI	754 485	242 541	25 193	486 153	598
山 西	SHANXI	387 238	153 194	15 493	218 481	69
内蒙古	INNER MONGOLIA	395 264	232 220	33 166	129 553	325
辽 宁	LIAONING	523 852	184 480	17 256	319 899	2 217
吉 林	JILIN	200 658	78 527	10 475	111 283	373
黑龙江	HEILONGJIANG	266 397	89 876	32 433	143 965	122
上 海	SHANGHAI	125 531	21 535	4 585	98 988	424
江 苏	JIANGSU	449 976	148 895	7 801	290 536	2 745
浙 江	ZHEJIANG	357 072	110 248	2 665	243 071	1 087
安 徽	ANHUI	359 448	126 356	9 442	223 160	490
福 建	FUJIAN	221 215	125 055	3 300	92 569	291
江 西	JIANGXI	276 520	123 106	5 489	147 673	252
山 东	SHANDONG	769 622	223 622	19 880	525 696	424
河 南	HENAN	443 282	94 924	7 063	341 169	126
湖 北	HUBEI	304 315	98 467	12 798	192 677	373
湖 南	HUNAN	228 188	79 098	11 385	135 484	2 221
广 东	GUANGDONG	607 732	200 374	11 548	393 692	2 119
广 西	GUANGXI	240 711	125 466	1 808	112 387	1 050
海 南	HAINAN	34 932	13 950	822	20 157	3
重 庆	CHONGQING	152 997	60 859	7 226	84 722	191
四 川	SICHUAN	310 677	133 841	20 978	155 670	188
贵 州	GUIZHOU	206 949	97 781	5 145	102 818	1 205
云 南	YUNNAN	275 789	123 138	13 954	138 312	385
西 藏	TIBET	45 231	3 838	353	41 040	1
陕 西	SHAANXI	227 762	92 738	14 718	119 018	1 288
甘 肃	GANSU	179 379	79 559	9 713	90 016	91
青 海	QINGHAI	61 920	24 090	5 112	32 700	17
宁 夏	NINGXIA	135 255	76 601	2 459	56 184	12
新 疆	XINJIANG	252 403	137 212	14 953	99 867	371

各地区主要污染物排放情况（五）
Discharge of Key Pollutants by Region（5）
（2022）

单位：吨   （ton）

年份/地区	Year/Region	颗粒物排放量 Total Volume of Particulate Matter Discharged	工业源 Industrial	生活源 Household	移动源 Vehicle	集中式污染治理设施 Centralized Treatment
	2020	6 113 961	4 009 413	2 016 198	85 240	3 110
	2021	5 373 754	3 252 712	2 051 754	68 278	1 011
	2022	4 933 809	3 056 954	1 823 435	52 561	858
北 京	BEIJING	4 124	1 622	2 146	355	1
天 津	TIANJIN	9 032	6 070	2 338	618	6
河 北	HEBEI	236 524	123 246	109 749	3 499	30
山 西	SHANXI	266 318	169 855	94 529	1 928	6
内蒙古	INNER MONGOLIA	993 007	716 102	275 370	1 526	10
辽 宁	LIAONING	217 709	94 000	118 776	4 864	70
吉 林	JILIN	166 050	86 536	78 131	1 368	15
黑龙江	HEILONGJIANG	347 585	63 019	281 711	2 849	6
上 海	SHANGHAI	8 295	6 521	1 057	710	7
江 苏	JIANGSU	90 945	74 530	13 787	2 497	131
浙 江	ZHEJIANG	66 079	61 288	2 490	2 217	84
安 徽	ANHUI	97 320	70 534	24 909	1 847	30
福 建	FUJIAN	79 780	63 064	15 768	927	22
江 西	JIANGXI	106 840	72 564	32 751	1 495	30
山 东	SHANDONG	191 116	85 391	100 799	4 895	31
河 南	HENAN	69 346	54 457	11 271	3 611	6
湖 北	HUBEI	127 030	47 210	77 927	1 855	38
湖 南	HUNAN	128 940	49 495	77 875	1 544	26
广 东	GUANGDONG	134 007	85 063	44 922	3 936	86
广 西	GUANGXI	71 119	60 825	8 951	1 302	41
海 南	HAINAN	7 486	7 051	75	359	1
重 庆	CHONGQING	49 564	37 556	11 231	753	25
四 川	SICHUAN	151 907	101 971	48 538	1 384	14
贵 州	GUIZHOU	92 644	55 501	35 945	1 165	33
云 南	YUNNAN	244 311	129 183	113 797	1 306	25
西 藏	TIBET	7 337	4 135	2 626	576	1
陕 西	SHAANXI	210 823	150 124	59 969	691	38
甘 肃	GANSU	121 391	54 917	65 382	1 087	6
青 海	QINGHAI	49 877	36 480	13 204	190	2
宁 夏	NINGXIA	58 264	49 515	8 426	320	2
新 疆	XINJIANG	529 040	439 130	88 985	887	38

各地区工业废水排放及处理情况（一）
Discharge and Treatment of Industrial Waste Water by Region（1）
（2022）

年份/ 地区 Year/ Region		汇总工业 企业数/家 Number of Industrial Enterprises Investigated （unit）	工业废水中污染物排放量/吨 Amount of Pollutants Discharged in the Industrial Waste Water （ton）			
			化学需氧量 COD	氨氮 Ammonia Nitrogen	总氮 Total Nitrogen	总磷 Total Phosphorus
	2020	170 619	497 323	21 216	114 378	3 675
	2021	165 190	422 917	17 109	99 809	3 112
	2022	176 528	368 778	13 621	90 759	2 460
北 京	BEIJING	1 833	1 335	23	697	9
天 津	TIANJIN	3 252	2 301	51	780	16
河 北	HEBEI	12 239	10 377	418	2 665	67
山 西	SHANXI	5 338	3 547	119	894	25
内蒙古	INNER MONGOLIA	3 355	4 750	246	1 488	31
辽 宁	LIAONING	6 133	10 160	322	2 935	126
吉 林	JILIN	1 737	5 618	239	1 356	37
黑龙江	HEILONGJIANG	1 569	5 979	427	1 610	40
上 海	SHANGHAI	3 479	7 941	199	2 420	34
江 苏	JIANGSU	16 223	54 204	1 920	11 395	287
浙 江	ZHEJIANG	18 665	40 930	535	10 352	138
安 徽	ANHUI	7 953	12 224	557	3 493	118
福 建	FUJIAN	5 434	15 840	529	3 010	119
江 西	JIANGXI	8 661	15 888	1 056	3 378	119
山 东	SHANDONG	12 068	36 953	1 106	11 263	239
河 南	HENAN	7 404	12 571	563	4 167	102
湖 北	HUBEI	5 131	11 531	611	3 579	92
湖 南	HUNAN	5 279	10 862	451	2 156	86
广 东	GUANGDONG	18 734	33 794	1 187	8 255	241
广 西	GUANGXI	3 239	15 369	495	2 720	117
海 南	HAINAN	593	3 774	105	473	11
重 庆	CHONGQING	2 711	7 751	288	2 296	65
四 川	SICHUAN	9 654	14 693	738	3 550	123
贵 州	GUIZHOU	2 056	3 172	255	560	33
云 南	YUNNAN	3 999	7 625	330	1 021	59
西 藏	TIBET	297	91	3	10	1
陕 西	SHAANXI	2 997	6 537	281	1 460	37
甘 肃	GANSU	2 096	2 306	125	727	17
青 海	QINGHAI	508	1 552	75	283	5
宁 夏	NINGXIA	1 072	2 275	63	556	14
新 疆	XINJIANG	2 819	6 829	305	1 211	54

各地区工业废水排放及处理情况（二）
Discharge and Treatment of Industrial Waste Water by Region（2）
（2022）

单位：千克 (kg)

年份/ 地区	Year/ Region	| 工业废水中污染物排放量 Amount of Pollutants Discharged in the Industrial Waste Water			
		石油类 Petroleum	挥发酚 Volatile Phenol	氰化物 Cyanide	重金属 Heavy Metal
	2020	3 734 039	59 799	42 425	67 490
	2021	2 217 540	51 687	28 047	44 983
	2022	1 557 551	45 009	22 317	45 094
北 京	BEIJING	5 238	29	22	7
天 津	TIANJIN	7 222	11	60	116
河 北	HEBEI	109 978	5 174	4 030	623
山 西	SHANXI	24 468	1 192	848	1 483
内蒙古	INNER MONGOLIA	26 012	312	15	181
辽 宁	LIAONING	111 604	8 236	882	147
吉 林	JILIN	19 099	434	245	456
黑龙江	HEILONGJIANG	15 502	745	253	33
上 海	SHANGHAI	113 984	381	286	415
江 苏	JIANGSU	126 715	2 833	1 794	1 064
浙 江	ZHEJIANG	108 978	1 333	580	2 657
安 徽	ANHUI	64 362	761	992	2 249
福 建	FUJIAN	47 054	716	748	2 139
江 西	JIANGXI	94 262	9 317	1 940	5 035
山 东	SHANDONG	148 151	2 316	1 079	3 308
河 南	HENAN	33 533	245	364	1 272
湖 北	HUBEI	48 559	845	2 318	617
湖 南	HUNAN	53 968	1 931	1 569	4 510
广 东	GUANGDONG	121 059	915	1 591	5 686
广 西	GUANGXI	17 506	398	612	2 878
海 南	HAINAN	1 049	268	11	46
重 庆	CHONGQING	48 516	3 040	313	184
四 川	SICHUAN	61 503	320	29	722
贵 州	GUIZHOU	15 504	279	335	593
云 南	YUNNAN	46 194	371	159	2 021
西 藏	TIBET	74	...	0	9
陕 西	SHAANXI	24 836	464	560	604
甘 肃	GANSU	18 444	309	206	822
青 海	QINGHAI	5 351	240	153	4 600
宁 夏	NINGXIA	2 176	144	151	50
新 疆	XINJIANG	36 650	1 449	170	564

各地区工业废气排放及处理情况

Discharge and Treatment of Industrial Waste Gas by Region

（2022）

单位：吨 （ton）

年份/地区 Year/Region		工业废气中污染物排放量 Volume of Pollutants Emission in the Industrial Waste Gas			
		二氧化硫 Sulphur Dioxide	氮氧化物 Nitrogen Oxide	颗粒物 Particulate Matter	挥发性有机物 Volatile Organic Compounds
	2020	2 531 511	4 174 959	4 009 413	2 171 281
	2021	2 096 584	3 688 711	3 252 712	2 078 537
	2022	1 834 938	3 332 578	3 056 954	1 954 839
北 京	BEIJING	799	9 765	1 622	11 559
天 津	TIANJIN	6 227	21 223	6 070	22 831
河 北	HEBEI	124 402	242 541	123 246	107 255
山 西	SHANXI	90 866	153 194	169 855	76 682
内蒙古	INNER MONGOLIA	147 641	232 220	716 102	87 727
辽 宁	LIAONING	82 831	184 480	94 000	85 355
吉 林	JILIN	35 552	78 527	86 536	19 929
黑龙江	HEILONGJIANG	46 245	89 876	63 019	27 477
上 海	SHANGHAI	6 530	21 535	6 521	23 875
江 苏	JIANGSU	71 112	148 895	74 530	161 286
浙 江	ZHEJIANG	39 605	110 248	61 288	181 478
安 徽	ANHUI	68 570	126 356	70 534	87 008
福 建	FUJIAN	52 159	125 055	63 064	70 099
江 西	JIANGXI	59 634	123 106	72 564	58 090
山 东	SHANDONG	108 334	223 622	85 391	206 868
河 南	HENAN	53 005	94 924	54 457	35 122
湖 北	HUBEI	46 243	98 467	47 210	48 670
湖 南	HUNAN	38 076	79 098	49 495	30 308
广 东	GUANGDONG	72 418	200 374	85 063	205 205
广 西	GUANGXI	57 136	125 466	60 825	45 124
海 南	HAINAN	3 566	13 950	7 051	10 310
重 庆	CHONGQING	36 837	60 859	37 556	41 976
四 川	SICHUAN	91 560	133 841	101 971	83 992
贵 州	GUIZHOU	90 098	97 781	55 501	15 857
云 南	YUNNAN	116 326	123 138	129 183	32 623
西 藏	TIBET	981	3 838	4 135	259
陕 西	SHAANXI	46 177	92 738	150 124	57 070
甘 肃	GANSU	60 367	79 559	54 917	22 404
青 海	QINGHAI	39 748	24 090	36 480	4 875
宁 夏	NINGXIA	53 188	76 601	49 515	37 208
新 疆	XINJIANG	88 706	137 212	439 130	56 320

各地区工业污染治理情况（一）
Discharge and Treatment of Industrial Waste Water by Region（1）
（2022）

年份/ 地区 Year/ Region	废水治理 设施数/套 Number of Facilities for Treatment of Waste Water （set）	废水治理设施 治理能力/ （万吨/日） Capacity of Facilities For Treatment of Waste Water （10 000 tons/day）	工业废水 治理设施运行费用/ 万元 Annual Expenditure for Operation （10 000 yuan）
2020	**68 150**	**16 281.5**	**8 372 425.4**
2021	**70 212**	**18 466.3**	**7 138 131.3**
2022	**72 848**	**18 378.8**	**7 139 186.3**
北 京 BEIJING	516	49.8	30 444.1
天 津 TIANJIN	1 002	84.1	75 941.8
河 北 HEBEI	3 382	1 649.0	379 261.1
山 西 SHANXI	1 603	506.5	157 033.4
内蒙古 INNER MONGOLIA	1 327	445.9	339 669.6
辽 宁 LIAONING	1 912	873.5	274 823.4
吉 林 JILIN	610	162.6	51 203.3
黑龙江 HEILONGJIANG	796	583.2	133 413.7
上 海 SHANGHAI	1 771	158.6	155 586.1
江 苏 JIANGSU	7 590	1 109.5	768 753.0
浙 江 ZHEJIANG	8 711	1 030.1	660 805.1
安 徽 ANHUI	3 257	1 024.7	301 571.6
福 建 FUJIAN	3 246	1 660.9	256 739.0
江 西 JIANGXI	3 252	688.7	239 449.0
山 东 SHANDONG	5 961	1 528.3	766 923.3
河 南 HENAN	2 596	820.8	215 358.1
湖 北 HUBEI	2 448	666.1	234 754.9
湖 南 HUNAN	2 054	401.2	129 972.2
广 东 GUANGDONG	7 968	950.3	668 721.7
广 西 GUANGXI	1 212	708.5	122 975.5
海 南 HAINAN	281	54.7	23 122.5
重 庆 CHONGQING	1 437	145.9	80 203.6
四 川 SICHUAN	3 719	1 029.1	317 336.1
贵 州 GUIZHOU	894	473.7	77 396.3
云 南 YUNNAN	1 817	531.9	109 781.1
西 藏 TIBET	40	3.5	652.9
陕 西 SHAANXI	1 275	333.0	217 172.4
甘 肃 GANSU	746	121.6	59 104.9
青 海 QINGHAI	187	24.7	14 449.9
宁 夏 NINGXIA	371	118.0	89 643.5
新 疆 XINJIANG	867	440.7	186 923.2

注：废水治理设施相关指标数据口径为工业调查对象中有任意一项废水污染物产生或者排放的企业（即涉水企业），
下同。

各地区工业污染治理情况（二）
Discharge and Treatment of Industrial Waste Gas by Region（2）
（2022）

年份/地区 Year/ Region		废气治理设施数/套 Facilities for Treatment of Waste Gas （set）	脱硫设施 Desulfurization Facilities	脱硝设施 Denitrification Facilities	除尘设施 Dedusting Facilities	VOCs 治理设施 VOCs Treatment Facilities	废气治理设施运行费用/万元 Annual Expenditure for Operation （10 000 yuan）
	2020	372 962	37 026	22 663	174 806	96 585	25 604 198.0
	2021	369 326	33 813	23 294	173 608	98 603	22 219 682.0
	2022	394 538	34 093	24 136	183 427	109 827	22 343 440.7
北 京	BEIJING	3 262	41	114	1 517	1 229	78 171.9
天 津	TIANJIN	7 864	264	299	3 348	3 270	391 442.6
河 北	HEBEI	34 552	1 883	2 644	18 250	8 662	2 173 293.7
山 西	SHANXI	14 006	1 658	1 644	9 321	933	1 082 866.4
内蒙古	INNER MONGOLIA	9 417	1 894	827	6 137	314	1 030 998.3
辽 宁	LIAONING	12 670	1 984	1 292	7 205	1 586	900 630.1
吉 林	JILIN	3 322	689	276	1 844	367	175 749.9
黑龙江	HEILONGJIANG	4 587	906	765	2 695	164	217 498.3
上 海	SHANGHAI	11 866	170	341	4 155	5 134	548 175.8
江 苏	JIANGSU	35 087	1 269	983	11 781	14 823	2 146 146.1
浙 江	ZHEJIANG	34 763	1 440	808	12 789	14 321	1 372 196.5
安 徽	ANHUI	18 988	1 454	816	10 098	4 636	1 109 424.2
福 建	FUJIAN	12 195	1 250	456	5 473	3 632	534 155.1
江 西	JIANGXI	13 030	1 378	362	6 498	3 505	601 974.0
山 东	SHANDONG	44 816	3 409	5 085	21 650	11 416	2 694 511.9
河 南	HENAN	16 341	1 715	1 695	8 388	3 458	974 263.6
湖 北	HUBEI	10 852	790	438	5 809	2 682	704 594.3
湖 南	HUNAN	7 781	1 207	329	3 943	1 653	410 019.6
广 东	GUANGDONG	43 671	2 328	997	12 821	19 141	1 434 110.8
广 西	GUANGXI	5 028	863	403	2 816	631	333 930.4
海 南	HAINAN	764	95	47	493	59	99 051.3
重 庆	CHONGQING	5 217	543	199	2 473	1 161	284 880.3
四 川	SICHUAN	16 260	1 851	775	7 841	4 387	627 591.7
贵 州	GUIZHOU	2 177	403	184	1 113	227	353 456.9
云 南	YUNNAN	6 818	1 197	217	4 699	341	390 902.8
西 藏	TIBET	112	16	13	74	0	8 907.4
陕 西	SHAANXI	6 014	742	566	2 858	1 192	466 521.1
甘 肃	GANSU	4 292	883	553	2 297	322	338 506.5
青 海	QINGHAI	1 310	133	86	940	88	83 713.4
宁 夏	NINGXIA	2 741	504	280	1 611	210	356 658.1
新 疆	XINJIANG	4 735	1 134	642	2 490	283	419 097.7

注：废气治理设施相关指标数据口径为工业调查对象中有任意一项废气污染物产生或者排放的企业（即涉气企业），下同。

各地区一般工业固体废物产生及利用处置情况
Generation and Utilization of Industrial Solid Wastes by Region
（2022）

单位：万吨　　　　　　　　　　　　　　　　　　　　　　　　　　　　（10 000 tons）

年份/ 地区	Year/ Region	一般工业固体废物产生量 Industrial Solid Wastes Generated	一般工业固体废物综合利用量 Industrial Solid Wastes Utilized	一般工业固体废物处置量 Industrial Solid Wastes Disposed
	2020	367 546	203 798	91 749
	2021	397 006	226 659	88 876
	2022	411 371	237 025	88 761
北　京	BEIJING	171	143	28
天　津	TIANJIN	1 946	1 936	10
河　北	HEBEI	37 092	20 457	6 775
山　西	SHANXI	48 014	18 743	23 287
内蒙古	INNER MONGOLIA	41 323	16 753	15 662
辽　宁	LIAONING	26 372	12 177	8 531
吉　林	JILIN	4 820	2 609	1 460
黑龙江	HEILONGJIANG	10 118	4 110	850
上　海	SHANGHAI	2 084	1 961	124
江　苏	JIANGSU	13 278	12 364	947
浙　江	ZHEJIANG	5 503	5 494	23
安　徽	ANHUI	15 164	14 159	526
福　建	FUJIAN	6 618	5 671	731
江　西	JIANGXI	12 714	6 286	675
山　东	SHANDONG	25 787	20 079	1 744
河　南	HENAN	17 854	14 558	1 427
湖　北	HUBEI	9 786	7 847	871
湖　南	HUNAN	4 790	3 729	546
广　东	GUANGDONG	8 423	7 135	900
广　西	GUANGXI	10 282	5 227	1 181
海　南	HAINAN	714	517	196
重　庆	CHONGQING	2 472	1 971	373
四　川	SICHUAN	15 127	6 798	2 517
贵　州	GUIZHOU	11 497	7 569	1 975
云　南	YUNNAN	16 923	9 292	4 224
西　藏	TIBET	6 467	452	7
陕　西	SHAANXI	13 745	7 206	5 197
甘　肃	GANSU	7 002	3 077	2 387
青　海	QINGHAI	16 663	9 387	193
宁　夏	NINGXIA	7 888	4 598	2 994
新　疆	XINJIANG	10 730	4 720	2 397

各地区工业危险废物产生及利用处置情况

Generation and Utilization of Hazardous Wastes by Region

（2022）

单位：吨 (ton)

年份/地区	Year/Region	危险废物产生量 Hazardous Wastes Generated	危险废物利用处置量 Hazardous Wastes Utilized and Disposed
	2020	**72 818 098**	**76 304 819**
	2021	**86 536 074**	**84 612 091**
	2022	**95 147 958**	**94 439 027**
北　京	BEIJING	271 234	272 536
天　津	TIANJIN	826 617	827 668
河　北	HEBEI	5 437 766	5 492 846
山　西	SHANXI	3 834 072	3 815 601
内蒙古	INNER MONGOLIA	6 785 395	6 841 194
辽　宁	LIAONING	2 217 876	2 061 024
吉　林	JILIN	2 470 673	2 470 957
黑龙江	HEILONGJIANG	932 858	1 042 879
上　海	SHANGHAI	1 404 076	1 403 604
江　苏	JIANGSU	6 465 067	6 484 211
浙　江	ZHEJIANG	5 945 735	5 975 327
安　徽	ANHUI	2 397 264	2 379 764
福　建	FUJIAN	1 809 058	1 784 271
江　西	JIANGXI	2 037 825	2 079 060
山　东	SHANDONG	11 089 767	11 359 032
河　南	HENAN	3 424 345	3 306 231
湖　北	HUBEI	1 756 283	1 766 073
湖　南	HUNAN	2 540 006	2 566 593
广　东	GUANGDONG	5 463 970	5 480 990
广　西	GUANGXI	4 069 463	4 067 477
海　南	HAINAN	267 880	265 191
重　庆	CHONGQING	1 095 588	1 112 217
四　川	SICHUAN	5 294 855	5 341 198
贵　州	GUIZHOU	946 561	924 251
云　南	YUNNAN	3 173 978	3 161 340
西　藏	TIBET	1 223	1 183
陕　西	SHAANXI	2 009 242	2 364 166
甘　肃	GANSU	1 923 939	1 864 022
青　海	QINGHAI	3 193 935	1 769 357
宁　夏	NINGXIA	1 275 708	1 315 449
新　疆	XINJIANG	4 785 701	4 843 317

各地区工业污染防治投资情况（一）
Treatment Investment for Industrial Pollution by Region（1）
（2022）

单位：个 （unit）

年份/地区 Year/Region	涉投资工业企业数 Number of Industrial Enterprises Collected	本年施工项目总数 Number of Projects under Construction	工业废水治理项目 Treatment of Waste Water	工业废气治理项目 Treatment of Waste Gas	脱硫治理项目 Treatment of Desulfurization	脱硝治理项目 Treatment of Denitration	工业固体废物治理项目 Treatment of Solid Wastes	噪声治理项目 Treatment of Noise Pollution	其他治理项目 Treatment of Other Pollution
2020	5 400	5 190	678	3 164	353	313	65	51	1 232
2021	4 684	4 569	555	2 960	334	233	169	38	847
2022	3 550	3 158	378	2 144	241	189	102	35	119
北京 BEIJING	19	18	2	15	0	0	0	1	0
天津 TIANJIN	55	45	4	37	0	0	0	0	0
河北 HEBEI	280	195	12	165	31	31	1	1	2
山西 SHANXI	62	75	14	42	14	4	3	2	2
内蒙古 INNER MONGOLIA	83	81	12	48	9	5	4	0	0
辽宁 LIAONING	82	64	6	38	5	3	3	2	5
吉林 JILIN	19	8	1	5	1	1	0	0	1
黑龙江 HEILONGJIANG	67	84	3	61	12	11	6	1	2
上海 SHANGHAI	89	102	14	66	0	3	6	2	6
江苏 JIANGSU	294	226	31	172	4	3	4	1	9
浙江 ZHEJIANG	525	406	51	280	8	3	14	3	11
安徽 ANHUI	136	115	5	93	12	11	5	0	1
福建 FUJIAN	115	124	14	80	9	9	0	2	4
江西 JIANGXI	104	116	13	78	12	14	3	1	9
山东 SHANDONG	308	317	23	241	40	26	5	1	6
河南 HENAN	98	97	15	58	6	2	7	0	3
湖北 HUBEI	124	127	21	83	5	3	3	3	1
湖南 HUNAN	72	53	6	36	3	10	1	1	1
广东 GUANGDONG	363	298	34	207	9	12	9	6	24
广西 GUANGXI	21	24	6	13	0	2	0	0	2
海南 HAINAN	20	19	6	3	1	1	1	0	0
重庆 CHONGQING	33	26	4	19	1	5	1	0	1
四川 SICHUAN	148	118	10	90	12	14	0	0	5
贵州 GUIZHOU	117	107	30	42	16	4	12	5	7
云南 YUNNAN	125	147	26	69	15	1	2	3	7
西藏 TIBET	—	—	—	—	—	—	—	—	—
陕西 SHAANXI	44	51	4	30	2	1	2	0	6
甘肃 GANSU	39	29	5	13	1	0	6	0	1
青海 QINGHAI	16	10	1	4	0	0	1	0	1
宁夏 NINGXIA	41	38	2	27	6	6	2	0	1
新疆 XINJIANG	51	38	3	29	7	4	1	0	1

各地区工业污染防治投资情况（二）
Treatment Investment for Industrial Pollution by Region（2）
（2022）

单位：个 （unit）

年份/地区	Year/Region	本年竣工项目总数 Number of Projects Completed	工业废水治理项目 Treatment of Waste Water	工业废气治理项目 Treatment of Waste Gas	脱硫治理项目 Treatment of Desulfurization	脱硝治理项目 Treatment of Denitration	工业固体废物治理项目 Treatment of Solid Wastes	噪声治理项目 Treatment of Noise Pollution	其他治理项目 Treatment of Other Pollution
	2020	4 050	508	2 512	287	253	39	44	947
	2021	3 609	397	2 360	232	181	136	28	688
	2022	2 418	274	1 656	179	154	81	29	378
北 京	BEIJING	17	2	14	0	0	0	1	0
天 津	TIANJIN	27	2	23	0	0	0	0	2
河 北	HEBEI	159	11	140	29	26	1	1	6
山 西	SHANXI	57	9	34	12	4	1	1	12
内蒙古	INNER MONGOLIA	48	5	35	8	4	2	0	6
辽 宁	LIAONING	51	6	28	3	3	3	1	13
吉 林	JILIN	6	0	5	1	1	0	0	1
黑龙江	HEILONGJIANG	64	1	45	8	8	6	1	11
上 海	SHANGHAI	85	12	52	0	3	6	1	14
江 苏	JIANGSU	174	21	134	4	3	2	1	16
浙 江	ZHEJIANG	314	32	222	4	3	11	3	46
安 徽	ANHUI	82	5	61	3	10	5	0	11
福 建	FUJIAN	97	6	65	7	7	0	2	24
江 西	JIANGXI	87	10	61	10	13	2	1	13
山 东	SHANDONG	240	16	180	31	19	4	1	39
河 南	HENAN	77	14	46	3	2	4	0	13
湖 北	HUBEI	91	14	60	3	3	1	2	14
湖 南	HUNAN	40	4	29	2	9	1	0	6
广 东	GUANGDONG	242	30	166	5	7	9	6	31
广 西	GUANGXI	20	6	10	0	1	0	0	4
海 南	HAINAN	14	3	3	1	1	1	0	7
重 庆	CHONGQING	18	4	11	0	1	1	0	2
四 川	SICHUAN	85	9	63	8	12	0	0	13
贵 州	GUIZHOU	83	23	37	15	4	10	4	9
云 南	YUNNAN	117	21	53	11	1	1	3	39
西 藏	TIBET	—	—	—	—	—	—	—	—
陕 西	SHAANXI	43	3	25	0	1	2	0	13
甘 肃	GANSU	21	3	9	1	0	6	0	3
青 海	QINGHAI	8	0	4	0	0	1	0	3
宁 夏	NINGXIA	25	2	17	3	5	1	0	5
新 疆	XINJIANG	26	0	24	7	3	0	0	2

各地区工业污染防治投资情况（三）
Treatment Investment for Industrial Pollution by Region（3）
（2022）

单位：万元 (10 000 yuan)

年份/地区 Year/Region	施工项目本年完成投资 Investment Completed in the Treatment of Industrial Pollution This Year	工业废水治理项目 Treatment of Waste Water	工业废气治理项目 Treatment of Waste Gas	脱硫治理项目 Treatment of Desulfurization	脱硝治理项目 Treatment of Denitration	工业固体废物治理项目 Treatment of Solid Wastes	噪声治理项目 Treatment of Noise Pollution	其他治理项目 Treatment of Other Pollution
2020	**4 542 585.9**	**573 852.1**	**2 423 724.9**	**400 178.1**	**602 771.1**	**173 064.0**	**7 404.7**	**1 364 540.2**
2021	**3 352 364.3**	**361 241.1**	**2 220 981.7**	**516 679.3**	**399 687.5**	**79 265.2**	**5 436.8**	**685 439.6**
2022	**2 857 076.9**	**377 220.2**	**1 984 250.9**	**356 466.5**	**291 751.3**	**125 753.7**	**4 212.7**	**365 639.6**
北 京 BEIJING	3 144.3	226.0	2 818.3	0.0	0.0	0.0	100.0	0.0
天 津 TIANJIN	51 454.5	883.0	47 746.5	0.0	0.0	0.0	0.0	2 825.0
河 北 HEBEI	170 349.0	6 305.2	156 243.4	19 622.0	62 306.0	90.0	2.0	7 708.4
山 西 SHANXI	43 483.5	8 044.7	27 340.1	10 969.6	1 597.8	1 894.0	335.4	5 869.3
内蒙古 INNER MONGOLIA	110 307.7	27 177.0	46 039.0	13 535.9	1 220.0	9 535.7	0.0	27 556.0
辽 宁 LIAONING	46 202.1	13 323.5	27 285.9	3 877.0	198.2	1 715.4	644.4	3 232.9
吉 林 JILIN	12 581.8	1 700.0	3 893.8	600.0	1 549.0	0.0	0.0	6 988.0
黑龙江 HEILONGJIANG	39 898.5	111.7	33 928.9	14 696.7	6 659.0	1 557.7	256.0	4 044.3
上 海 SHANGHAI	274 105.1	3 292.5	251 838.5	0.0	38 647.0	17 918.0	28.0	1 028.2
江 苏 JIANGSU	73 381.8	25 570.2	44 556.9	1 440.0	349.5	2 482.2	14.9	757.7
浙 江 ZHEJIANG	277 470.6	120 680.2	87 618.5	802.9	960.0	12 120.8	165.0	56 886.0
安 徽 ANHUI	106 925.7	4 450.1	73 665.7	5 738.0	11 197.8	1 983.5	0.0	26 826.4
福 建 FUJIAN	120 137.3	10 003.1	92 633.2	9 255.0	26 560.0	0.0	508.0	16 993.1
江 西 JIANGXI	72 560.1	5 305.6	59 224.0	25 254.8	24 635.6	131.7	32.0	7 866.7
山 东 SHANDONG	291 917.1	59 991.6	175 100.9	34 163.0	9 867.7	7 674.9	23.5	49 126.1
河 南 HENAN	39 216.0	8 615.2	26 164.0	15 290.7	1 773.5	2 996.0	0.0	1 440.8
湖 北 HUBEI	252 048.0	24 313.8	214 633.2	10 615.0	1 030.0	116.0	66.0	12 919.1
湖 南 HUNAN	44 319.9	1 015.0	35 085.3	223.0	23 026.3	77.5	180.0	7 962.1
广 东 GUANGDONG	158 868.5	14 903.3	84 523.5	7 760.0	10 527.0	385.1	147.3	58 909.3
广 西 GUANGXI	22 841.1	132.5	22 455.7	0.0	8 902.0	0.0	0.0	252.9
海 南 HAINAN	7 599.3	729.5	5 775.0	3 020.0	2 510.0	3.0	0.0	1 091.8
重 庆 CHONGQING	55 782.2	412.8	55 314.4	7 443.0	40 741.9	30.0	0.0	25.0
四 川 SICHUAN	42 087.8	2 680.6	28 801.1	10 032.0	6 823.5	0.0	0.0	10 606.0
贵 州 GUIZHOU	203 864.2	10 583.7	165 977.5	36 175.7	2 438.0	17 086.4	1 578.0	8 638.6
云 南 YUNNAN	90 229.0	8 948.8	53 548.7	39 704.6	260.0	1 550.0	132.2	26 049.3
西 藏 TIBET	—	—	—	—	—	—	—	—
陕 西 SHAANXI	18 380.4	4 812.0	11 438.1	5 205.0	2 482.0	1 000.0	0.0	1 130.3
甘 肃 GANSU	107 869.7	10 457.9	51 899.1	38 272.0	0.0	44 931.6	0.0	581.1
青 海 QINGHAI	1 985.9	1 176.7	340.7	0.0	0.0	140.3	0.0	328.2
宁 夏 NINGXIA	41 201.4	899.0	24 413.8	4 121.0	2 259.5	114.0	0.0	15 774.6
新 疆 XINJIANG	76 864.8	475.0	73 947.2	38 649.7	3 230.0	220.0	0.0	2 222.6

各地区农业污染排放情况（一）
Discharge of Agricultural Pollution by Region（1）
（2022）

单位：吨 (ton)

年份/ 地区	Year/ Region	化学需氧量 排放量 Total Amount of COD Discharge	畜禽养殖业 Livestock and Poultry Breeding Industry	水产养殖业 Aquaculture Industry
	2020	16 652 285	15 882 825	769 460
	2021	17 597 360	16 760 511	836 849
	2022	17 857 066	17 008 764	848 302
北 京	BEIJING	11 770	11 619	151
天 津	TIANJIN	126 643	122 643	3 999
河 北	HEBEI	1 206 756	1 194 876	11 880
山 西	SHANXI	513 601	512 629	972
内蒙古	INNER MONGOLIA	673 143	672 495	648
辽 宁	LIAONING	1 031 597	1 022 634	8 963
吉 林	JILIN	768 318	765 827	2 491
黑龙江	HEILONGJIANG	751 271	741 959	9 312
上 海	SHANGHAI	8 535	4 519	4 016
江 苏	JIANGSU	760 719	585 728	174 990
浙 江	ZHEJIANG	87 485	30 547	56 937
安 徽	ANHUI	883 384	836 501	46 883
福 建	FUJIAN	210 510	192 507	18 003
江 西	JIANGXI	719 042	662 212	56 831
山 东	SHANDONG	939 430	914 209	25 221
河 南	HENAN	1 314 273	1 300 805	13 468
湖 北	HUBEI	1 104 885	962 976	141 909
湖 南	HUNAN	1 231 607	1 196 044	35 563
广 东	GUANGDONG	780 559	677 160	103 398
广 西	GUANGXI	520 013	472 439	47 574
海 南	HAINAN	108 078	84 573	23 504
重 庆	CHONGQING	196 862	187 723	9 139
四 川	SICHUAN	721 122	689 592	31 530
贵 州	GUIZHOU	938 892	934 792	4 100
云 南	YUNNAN	419 848	409 038	10 809
西 藏	TIBET	94 940	94 940	...
陕 西	SHAANXI	189 036	187 122	1 913
甘 肃	GANSU	584 743	584 566	177
青 海	QINGHAI	222 195	221 979	216
宁 夏	NINGXIA	228 353	226 883	1 470
新 疆	XINJIANG	509 459	507 226	2 232

注：根据统计部门提供的2020年和2021年各省（自治区、直辖市）畜禽养殖业蛋鸡存栏量、肉鸡出栏量数据，按照有
关规定对2020年和2021年农业源废水污染物排放量进行回溯修订，下同。

各地区农业污染排放情况（二）
Discharge of Agricultural Pollution by Region（2）
（2022）

单位：吨 (ton)

年份/ 地区	Year/ Region	氨氮排放量 Total Amount of Ammonia Nitrogen Discharge	种植业 Crop Farming	畜禽养殖业 Livestock and Poultry Breeding Industry	水产养殖业 Aquaculture Industry
	2020	262 509	72 742	162 210	27 557
	2021	278 159	72 649	175 272	30 239
	2022	280 577	72 020	178 062	30 495
北 京	BEIJING	188	8	174	5
天 津	TIANJIN	1 194	42	1 054	97
河 北	HEBEI	15 068	650	14 024	393
山 西	SHANXI	6 110	270	5 802	38
内蒙古	INNER MONGOLIA	9 064	130	8 911	23
辽 宁	LIAONING	9 016	565	7 796	656
吉 林	JILIN	7 059	93	6 869	96
黑龙江	HEILONGJIANG	8 954	2 282	6 302	370
上 海	SHANGHAI	271	141	54	76
江 苏	JIANGSU	16 172	6 377	6 977	2 817
浙 江	ZHEJIANG	6 011	3 487	534	1 990
安 徽	ANHUI	18 474	5 218	11 594	1 662
福 建	FUJIAN	11 666	2 586	3 125	5 954
江 西	JIANGXI	16 380	4 660	9 095	2 624
山 东	SHANDONG	15 507	369	14 207	931
河 南	HENAN	17 168	2 115	14 566	487
湖 北	HUBEI	21 053	5 349	13 498	2 207
湖 南	HUNAN	25 262	10 422	13 141	1 700
广 东	GUANGDONG	16 193	6 112	6 535	3 547
广 西	GUANGXI	15 824	10 344	4 047	1 434
海 南	HAINAN	1 779	895	668	215
重 庆	CHONGQING	3 633	1 555	1 650	428
四 川	SICHUAN	10 915	3 104	6 449	1 362
贵 州	GUIZHOU	6 965	1 784	4 914	267
云 南	YUNNAN	6 914	2 617	3 361	937
西 藏	TIBET	396	1	394	...
陕 西	SHAANXI	2 156	547	1 546	64
甘 肃	GANSU	3 134	115	3 012	7
青 海	QINGHAI	1 224	5	1 212	7
宁 夏	NINGXIA	1 126	21	1 053	53
新 疆	XINJIANG	5 701	154	5 498	49

各地区农业污染排放情况（三）
Discharge of Agricultural Pollution by Region（3）
（2022）

单位：吨 (ton)

年份/地区 Year/Region		总氮排放量 Total Amount of Total Nitrogen Discharge	种植业 Crop Farming	畜禽养殖业 Livestock and Poultry Breeding Industry	水产养殖业 Aquaculture Industry
	2020	**1 625 674**	**623 585**	**876 582**	**125 508**
	2021	**1 725 273**	**622 793**	**965 424**	**137 055**
	2022	**1 744 182**	**617 458**	**989 593**	**137 131**
北 京	BEIJING	1 006	137	840	29
天 津	TIANJIN	7 442	487	6 221	735
河 北	HEBEI	81 653	6 625	72 819	2 209
山 西	SHANXI	31 801	3 950	27 698	154
内蒙古	INNER MONGOLIA	48 169	1 094	46 908	167
辽 宁	LIAONING	64 725	4 797	55 968	3 959
吉 林	JILIN	44 071	3 312	40 110	649
黑龙江	HEILONGJIANG	61 224	14 584	44 595	2 045
上 海	SHANGHAI	1 701	1 053	381	268
江 苏	JIANGSU	89 264	45 455	35 118	8 692
浙 江	ZHEJIANG	39 520	29 654	2 395	7 472
安 徽	ANHUI	103 186	50 355	46 953	5 877
福 建	FUJIAN	61 922	20 652	13 271	27 999
江 西	JIANGXI	80 730	33 649	38 823	8 259
山 东	SHANDONG	73 746	9 075	60 727	3 944
河 南	HENAN	112 402	38 000	72 433	1 968
湖 北	HUBEI	112 978	51 291	54 956	6 731
湖 南	HUNAN	128 087	51 128	71 171	5 788
广 东	GUANGDONG	110 804	50 025	40 134	20 644
广 西	GUANGXI	124 663	84 311	28 865	11 487
海 南	HAINAN	17 568	7 314	4 762	5 492
重 庆	CHONGQING	26 743	12 366	13 037	1 340
四 川	SICHUAN	87 874	31 661	51 501	4 712
贵 州	GUIZHOU	65 880	17 365	46 380	2 135
云 南	YUNNAN	71 007	38 830	29 088	3 089
西 藏	TIBET	4 611	17	4 594	...
陕 西	SHAANXI	17 023	6 608	9 962	453
甘 肃	GANSU	25 657	1 590	24 014	52
青 海	QINGHAI	9 900	72	9 778	50
宁 夏	NINGXIA	9 650	246	8 981	423
新 疆	XINJIANG	29 174	1 756	27 111	307

各地区农业污染排放情况（四）
Discharge of Agricultural Pollution by Region（4）
（2022）

单位：吨 (ton)

年份/ 地区	Year/ Region	总磷排放量 Total Amount of Total Phosphorus Discharge	种植业 Crop Farming	畜禽养殖业 Livestock and Poultry Breeding Industry	水产养殖业 Aquaculture Industry
	2020	**254 385**	**70 096**	**163 455**	**20 834**
	2021	**273 546**	**71 534**	**179 454**	**22 558**
	2022	**277 147**	**72 105**	**182 525**	**22 517**
北　京	BEIJING	123	10	109	3
天　津	TIANJIN	1 370	40	1 295	34
河　北	HEBEI	13 436	644	12 576	216
山　西	SHANXI	5 792	250	5 524	18
内蒙古	INNER MONGOLIA	3 895	141	3 732	22
辽　宁	LIAONING	12 136	406	11 286	444
吉　林	JILIN	7 010	105	6 858	47
黑龙江	HEILONGJIANG	6 884	1 503	5 282	99
上　海	SHANGHAI	255	153	60	42
江　苏	JIANGSU	14 276	4 935	7 942	1 400
浙　江	ZHEJIANG	7 797	6 094	411	1 292
安　徽	ANHUI	16 373	5 489	10 160	724
福　建	FUJIAN	10 160	2 568	2 578	5 014
江　西	JIANGXI	13 275	4 159	7 595	1 521
山　东	SHANDONG	11 373	218	10 595	559
河　南	HENAN	18 019	3 033	14 941	45
湖　北	HUBEI	19 237	6 265	12 496	475
湖　南	HUNAN	21 600	5 577	15 525	498
广　东	GUANGDONG	20 359	6 719	9 632	4 008
广　西	GUANGXI	18 005	9 814	5 565	2 626
海　南	HAINAN	3 174	880	893	1 400
重　庆	CHONGQING	3 798	1 453	2 229	116
四　川	SICHUAN	12 163	4 069	7 579	515
贵　州	GUIZHOU	12 884	3 266	9 155	463
云　南	YUNNAN	8 125	3 365	4 051	710
西　藏	TIBET	578	1	576	...
陕　西	SHAANXI	2 810	737	2 031	42
甘　肃	GANSU	4 692	114	4 570	8
青　海	QINGHAI	1 079	5	1 065	9
宁　夏	NINGXIA	2 129	20	1 992	118
新　疆	XINJIANG	4 343	72	4 221	50

各地区生活污染排放情况（一）
Discharge and Treatment of Household Pollution by Region（1）
（2022）

单位：吨 (ton)

年份/地区 Year/Region		化学需氧量排放量 Amount of Household COD Discharged	城镇 Urban Area	农村 Rural Area	氨氮排放量 Amount of Household Ammonia Nitrogen Discharged	城镇 Urban Area	农村 Rural Area
	2020	**9 188 875**	**5 342 209**	**3 846 667**	**706 572**	**501 715**	**204 857**
	2021	**8 117 563**	**4 510 305**	**3 607 258**	**580 370**	**386 885**	**193 485**
	2022	**7 721 771**	**4 285 323**	**3 436 448**	**525 012**	**337 257**	**187 754**
北 京	BEIJING	31 711	8 256	23 455	1 828	162	1 666
天 津	TIANJIN	26 405	16 359	10 046	877	250	627
河 北	HEBEI	310 521	148 720	161 801	17 610	13 391	4 219
山 西	SHANXI	164 073	88 165	75 909	8 444	7 267	1 177
内蒙古	INNER MONGOLIA	113 390	67 580	45 810	6 379	5 661	718
辽 宁	LIAONING	168 986	80 312	88 674	5 901	4 111	1 790
吉 林	JILIN	112 967	38 928	74 039	4 258	2 821	1 436
黑龙江	HEILONGJIANG	129 985	53 293	76 692	3 843	2 716	1 127
上 海	SHANGHAI	61 117	44 325	16 792	2 188	868	1 320
江 苏	JIANGSU	424 894	260 514	164 380	22 016	10 764	11 252
浙 江	ZHEJIANG	339 974	224 165	115 809	22 115	12 924	9 191
安 徽	ANHUI	450 271	280 941	169 329	24 036	15 076	8 960
福 建	FUJIAN	336 651	254 264	82 387	24 088	16 220	7 869
江 西	JIANGXI	341 052	209 605	131 447	26 222	15 257	10 965
山 东	SHANDONG	444 072	171 137	272 934	28 252	14 887	13 365
河 南	HENAN	520 962	267 712	253 250	28 853	21 871	6 982
湖 北	HUBEI	424 297	257 212	167 085	33 313	21 553	11 760
湖 南	HUNAN	351 117	149 132	201 985	31 427	16 473	14 954
广 东	GUANGDONG	730 003	496 467	233 536	57 545	33 228	24 316
广 西	GUANGXI	386 668	160 958	225 710	31 443	11 045	20 398
海 南	HAINAN	70 785	40 038	30 748	4 829	2 014	2 815
重 庆	CHONGQING	120 996	37 016	83 980	13 621	9 534	4 087
四 川	SICHUAN	532 636	338 267	194 369	46 293	35 908	10 385
贵 州	GUIZHOU	237 188	119 232	117 956	16 471	11 260	5 210
云 南	YUNNAN	230 363	104 185	126 178	14 630	10 284	4 346
西 藏	TIBET	37 700	25 040	12 660	3 249	3 063	186
陕 西	SHAANXI	256 188	151 009	105 179	21 256	17 952	3 304
甘 肃	GANSU	95 529	28 208	67 321	2 127	1 357	770
青 海	QINGHAI	69 922	55 263	14 659	4 676	4 495	180
宁 夏	NINGXIA	26 974	12 207	14 767	868	545	323
新 疆	XINJIANG	174 373	96 812	77 561	16 358	14 302	2 056

73

各地区生活污染排放情况（二）
Discharge and Treatment of Household Pollution by Region（2）
（2022）

单位：吨 (ton)

年份/ 地区	Year/ Region	总氮排放量 Amount of Household Total Nitrogen Discharged	城镇 Urban Area	农村 Rural Area	总磷排放量 Amount of Household Total Phosphorus Discharged	城镇 Urban Area	农村 Rural Area
	2020	1 515 627	1 143 439	372 188	86 540	56 259	30 281
	2021	1 380 201	1 026 298	353 902	69 668	40 919	28 749
	2022	1 335 058	990 866	344 192	65 912	37 915	27 997
北　京	BEIJING	7 849	5 336	2 514	228	88	139
天　津	TIANJIN	8 510	7 468	1 042	237	169	68
河　北	HEBEI	42 455	34 526	7 929	1 187	482	706
山　西	SHANXI	24 547	22 050	2 497	981	678	303
内蒙古	INNER MONGOLIA	13 065	11 066	1 999	420	201	219
辽　宁	LIAONING	33 294	28 766	4 528	1 157	722	435
吉　林	JILIN	17 795	14 086	3 709	769	406	363
黑龙江	HEILONGJIANG	19 592	16 259	3 333	801	429	372
上　海	SHANGHAI	23 062	20 517	2 545	381	215	166
江　苏	JIANGSU	73 206	53 453	19 753	3 223	1 737	1 486
浙　江	ZHEJIANG	70 464	53 549	16 915	2 140	1 022	1 119
安　徽	ANHUI	56 621	40 624	15 997	3 444	1 979	1 465
福　建	FUJIAN	50 821	38 490	12 331	2 962	2 091	871
江　西	JIANGXI	50 745	33 621	17 124	3 281	2 014	1 267
山　东	SHANDONG	73 864	52 033	21 831	2 053	690	1 364
河　南	HENAN	73 121	60 461	12 660	3 372	2 269	1 103
湖　北	HUBEI	82 058	59 115	22 944	6 532	4 523	2 009
湖　南	HUNAN	69 638	40 425	29 212	4 405	1 994	2 411
广　东	GUANGDONG	171 445	128 699	42 746	8 873	5 341	3 532
广　西	GUANGXI	66 044	29 926	36 118	4 687	1 835	2 852
海　南	HAINAN	11 812	6 544	5 268	731	332	400
重　庆	CHONGQING	27 889	19 956	7 933	967	330	637
四　川	SICHUAN	96 338	75 286	21 052	4 873	3 169	1 704
贵　州	GUIZHOU	35 462	25 127	10 335	2 325	1 474	852
云　南	YUNNAN	34 321	25 267	9 053	1 778	938	841
西　藏	TIBET	4 760	4 236	524	419	354	65
陕　西	SHAANXI	48 190	42 410	5 780	1 670	1 122	548
甘　肃	GANSU	7 607	5 822	1 786	460	241	218
青　海	QINGHAI	9 024	8 632	392	251	205	46
宁　夏	NINGXIA	3 456	2 822	634	127	64	63
新　疆	XINJIANG	28 002	24 294	3 709	1 176	801	374

各地区生活污染排放情况（三）
Discharge and Treatment of Household Pollution by Region（3）
（2022）

单位：吨   （ton）

年份/ Year/ 地区 Region	二氧化硫排放量 Amount of Household Sulphur Dioxide Emission	氮氧化物排放量 Amount of Household Nitrogen Oxide Emission	颗粒物排放量 Amount of Household Soot Emission	挥发性有机物排放量 Amount of Household Volatile Organic Compounds Emission
2020	648 061	333 806	2 016 198	1 825 455
2021	648 616	358 851	2 051 754	1 819 590
2022	597 065	338 840	1 823 435	1 793 810
北 京 BEIJING	278	8 600	2 146	26 208
天 津 TIANJIN	209	3 026	2 338	16 275
河 北 HEBEI	21 713	25 193	109 749	97 225
山 西 SHANXI	37 625	15 493	94 529	51 628
内蒙古 INNER MONGOLIA	55 022	33 166	275 370	68 088
辽 宁 LIAONING	47 357	17 256	118 776	66 970
吉 林 JILIN	19 490	10 475	78 131	38 320
黑龙江 HEILONGJIANG	56 316	32 433	281 711	77 018
上 海 SHANGHAI	163	4 585	1 057	27 244
江 苏 JIANGSU	3 304	7 801	13 787	101 560
浙 江 ZHEJIANG	795	2 665	2 490	80 342
安 徽 ANHUI	2 432	9 442	24 909	66 425
福 建 FUJIAN	7 812	3 300	15 768	42 795
江 西 JIANGXI	16 289	5 489	32 751	53 634
山 东 SHANDONG	37 498	19 880	100 799	128 047
河 南 HENAN	5 905	7 063	11 271	104 028
湖 北 HUBEI	38 770	12 798	77 927	75 768
湖 南 HUNAN	31 047	11 385	77 875	83 079
广 东 GUANGDONG	15 512	11 548	44 922	131 771
广 西 GUANGXI	4 438	1 808	8 951	48 972
海 南 HAINAN	...	822	75	9 675
重 庆 CHONGQING	9 077	7 226	11 231	36 943
四 川 SICHUAN	30 616	20 978	48 538	98 747
贵 州 GUIZHOU	32 252	5 145	35 945	44 498
云 南 YUNNAN	68 199	13 954	113 797	65 201
西 藏 TIBET	1 703	353	2 626	4 269
陕 西 SHAANXI	20 730	14 718	59 969	54 229
甘 肃 GANSU	16 288	9 713	65 382	35 167
青 海 QINGHAI	1 288	5 112	13 204	8 517
宁 夏 NINGXIA	1 657	2 459	8 426	9 239
新 疆 XINJIANG	13 278	14 953	88 985	41 928

各地区污水处理情况（一）
Waste Water Treatment by Region（1）
（2022）

年份/ 地区	Year/ Region	污水处理厂 数/家 Number of Urban Waste Water Treatment Plants （unit）	污水处理厂 设计处理能力/ （万吨/日） Treatment Capacity （10 000 tons/day）	本年运行费用/ 万元 Annul Expenditure for Operation （10 000 yuan）	污水处理厂 累计完成投资/万元 Total Investment of Urban Waste Water Treatment （10 000 yuan）	新增固定 资产/万元 Newly-added Fixed Assets （10 000 yuan）
	2020	**11 055**	**27 270**	**10 010 003.6**	**95 680 788.0**	**5 448 064.7**
	2021	**12 586**	**29 730**	**11 242 024.5**	**111 670 578.0**	**4 878 726.5**
	2022	**13 527**	**31 622**	**12 413 221.0**	**129 026 357.1**	**4 440 398.8**
北　京	BEIJING	307	809	411 660.1	4 295 003.8	84 519.2
天　津	TIANJIN	145	458	248 848.7	2 544 317.0	7 322.9
河　北	HEBEI	432	1 355	635 324.8	5 529 071.2	154 976.4
山　西	SHANXI	271	571	287 942.4	2 711 130.9	72 972.9
内蒙古	INNER MONGOLIA	199	516	269 787.5	3 017 164.6	57 899.3
辽　宁	LIAONING	334	1 263	450 063.6	3 319 291.5	132 739.4
吉　林	JILIN	167	590	199 533.1	2 774 515.1	44 557.1
黑龙江	HEILONGJIANG	237	584	216 624.7	2 162 821.0	80 899.0
上　海	SHANGHAI	46	882	370 459.9	5 084 565.7	20 583.0
江　苏	JIANGSU	991	2 500	1 058 757.2	10 323 057.9	491 592.3
浙　江	ZHEJIANG	499	1 958	897 706.7	7 789 264.7	278 133.8
安　徽	ANHUI	684	1 312	383 330.1	4 855 488.9	295 572.4
福　建	FUJIAN	314	925	326 536.3	2 884 693.2	269 451.0
江　西	JIANGXI	410	740	296 797.0	2 550 888.3	67 342.0
山　东	SHANDONG	722	2 401	1 081 565.3	7 938 337.8	392 704.2
河　南	HENAN	417	1 803	547 940.0	5 757 434.7	126 261.0
湖　北	HUBEI	856	1 357	439 456.2	6 190 099.6	397 583.2
湖　南	HUNAN	446	1 267	411 158.3	4 846 274.8	121 525.8
广　东	GUANGDONG	1 142	4 065	1 339 253.6	13 637 526.5	349 176.0
广　西	GUANGXI	452	847	248 172.3	3 840 274.7	58 961.6
海　南	HAINAN	87	187	67 248.0	856 518.8	28 855.3
重　庆	CHONGQING	842	632	340 032.7	2 815 554.8	62 533.0
四　川	SICHUAN	1 879	1 471	698 493.6	7 446 927.2	217 421.2
贵　州	GUIZHOU	509	591	198 178.0	3 130 339.8	53 586.0
云　南	YUNNAN	254	542	155 051.9	2 456 984.1	116 044.9
西　藏	TIBET	48	38	18 137.3	272 095.7	1 017.7
陕　西	SHAANXI	285	768	308 334.1	4 003 742.7	178 816.0
甘　肃	GANSU	179	339	137 461.9	1 835 492.1	84 579.5
青　海	QINGHAI	70	95	37 992.6	587 728.2	31 219.7
宁　夏	NINGXIA	91	222	114 389.2	1 189 713.7	83 553.8
新　疆	XINJIANG	212	532	216 984.1	2 380 038.0	77 999.1

各地区污水处理情况（二）
Waste Water Treatment by Region（2）
（2022）

单位：万吨 　　　　　　　　　　　　　　　　　　　　　　　　　　　　　　　　　　　（10 000 tons）

年份/ 地区	Year/ Region	污水实际 处理量 Quantity of Waste Water Treated	再生水 利用量 Waste Water Recycled	工业用水量 Waste Water Recycled for Industry	市政用水量 Waste Water Recycled for Municipal Services	景观用水量 Waste Water Recycled for Landscape
	2020	**8 112 695**	**847 055**	**201 522**	**64 632**	**580 900**
	2021	**8 620 660**	**955 570**	**219 969**	**71 473**	**664 127**
	2022	**8 949 510**	**951 374**	**239 569**	**76 777**	**635 028**
北　京	BEIJING	238 549	164 103	7 250	4 321	152 533
天　津	TIANJIN	130 065	9 773	7 119	1 074	1 581
河　北	HEBEI	328 550	76 749	25 115	6 031	45 603
山　西	SHANXI	156 992	28 003	15 293	2 822	9 888
内蒙古	INNER MONGOLIA	120 254	48 136	28 536	6 254	13 346
辽　宁	LIAONING	355 651	37 594	11 031	2 348	24 216
吉　林	JILIN	167 050	4 265	2 248	221	1 796
黑龙江	HEILONGJIANG	160 751	3 272	3 185	20	67
上　海	SHANGHAI	302 826	413	155	0	258
江　苏	JIANGSU	694 576	102 863	26 287	15 345	61 231
浙　江	ZHEJIANG	572 959	42 647	12 157	995	29 495
安　徽	ANHUI	363 865	36 642	5 037	5 652	25 952
福　建	FUJIAN	255 409	24 262	373	189	23 700
江　西	JIANGXI	198 502	1 034	451	39	544
山　东	SHANDONG	675 136	127 573	24 577	5 686	97 311
河　南	HENAN	501 770	73 258	31 883	5 200	36 175
湖　北	HUBEI	398 337	14 765	1 749	1 207	11 809
湖　南	HUNAN	368 081	13 848	197	55	13 596
广　东	GUANGDONG	1 236 133	38 543	11 134	3 323	24 085
广　西	GUANGXI	234 001	8 861	748	87	8 025
海　南	HAINAN	54 224	3 407	77	647	2 683
重　庆	CHONGQING	186 728	2 706	2 125	216	365
四　川	SICHUAN	425 432	6 896	1 169	1 362	4 365
贵　州	GUIZHOU	165 232	5 232	170	288	4 774
云　南	YUNNAN	169 017	5 477	793	3 314	1 370
西　藏	TIBET	10 689	802	0	0	802
陕　西	SHAANXI	212 275	11 713	2 792	651	8 271
甘　肃	GANSU	72 694	14 887	7 058	1 868	5 961
青　海	QINGHAI	26 505	4 205	1 220	243	2 742
宁　夏	NINGXIA	45 330	5 847	3 881	824	1 141
新　疆	XINJIANG	121 926	33 596	5 759	6 494	21 344

各地区污水处理情况（三）
Waste Water Treatment by Region（3）
（2022）

单位：万吨 （10 000 tons）

年份/地区	Year/Region	污泥产生量 Quantity of Sludge Generated	污泥处置量 Quantity of Sludge Disposed	土地利用量 Landuse	填埋处置量 Landfill	建筑材料利用量 As Building Material	焚烧处置量 Incineration	污泥倾倒丢弃量 Quantity of Sludge Discharged
	2020	**3 698.4**	**3 697.5**	**1 083.1**	**810.2**	**617.1**	**1 187.0**	**0.9**
	2021	**4 592.1**	**4 592.1**	**1 262.3**	**696.8**	**876.2**	**1 756.7**	...
	2022	**4 757.9**	**4 737.5**	**1 326.8**	**597.4**	**865.8**	**1 947.5**	...
北 京	BEIJING	169.3	169.2	136.9	0.9	6.3	25.2	0.0
天 津	TIANJIN	72.9	72.9	52.4	0.6	4.2	15.7	0.0
河 北	HEBEI	186.9	185.2	84.2	17.1	19.8	64.1	0.0
山 西	SHANXI	141.8	141.6	21.9	34.6	41.8	43.3	...
内蒙古	INNER MONGOLIA	104.6	104.3	38.7	46.0	2.9	16.6	0.0
辽 宁	LIAONING	152.9	152.8	62.6	32.7	35.8	21.7	...
吉 林	JILIN	72.4	72.2	54.1	8.6	3.1	6.4	0.0
黑龙江	HEILONGJIANG	104.3	104.3	53.9	41.4	0.5	8.5	0.0
上 海	SHANGHAI	127.7	127.7	0.0	5.8	0.0	121.9	0.0
江 苏	JIANGSU	424.3	420.7	46.3	9.1	52.8	312.5	0.0
浙 江	ZHEJIANG	402.9	399.1	26.1	2.4	36.2	334.4	0.0
安 徽	ANHUI	156.2	155.7	45.0	3.5	41.8	65.3	0.0
福 建	FUJIAN	126.8	126.6	32.2	6.2	35.4	53.0	0.0
江 西	JIANGXI	74.6	74.4	11.6	14.6	13.2	34.9	0.0
山 东	SHANDONG	477.1	474.0	139.7	15.2	131.9	187.3	0.0
河 南	HENAN	283.7	283.6	131.2	57.3	23.3	71.8	0.0
湖 北	HUBEI	155.6	154.9	59.4	13.8	52.5	29.3	0.0
湖 南	HUNAN	125.9	125.7	10.5	36.2	39.9	39.1	0.0
广 东	GUANGDONG	468.3	466.0	82.7	4.2	137.5	241.7	0.0
广 西	GUANGXI	90.6	89.8	26.8	7.1	28.7	27.2	...
海 南	HAINAN	24.7	24.7	13.5	0.0	0.5	10.7	0.0
重 庆	CHONGQING	112.3	112.3	22.2	9.2	71.4	9.4	0.0
四 川	SICHUAN	248.4	247.9	58.1	19.9	39.0	130.9	0.0
贵 州	GUIZHOU	67.7	67.6	5.3	11.4	19.6	31.4	0.0
云 南	YUNNAN	62.6	62.5	31.2	15.3	11.7	4.3	0.0
西 藏	TIBET	3.0	3.0	2.5	0.6	0.0	0.0	0.0
陕 西	SHAANXI	129.2	128.9	44.3	51.1	8.5	25.0	0.0
甘 肃	GANSU	68.1	68.0	5.9	53.7	2.0	6.6	0.0
青 海	QINGHAI	16.5	16.5	0.0	14.2	2.0	0.3	0.0
宁 夏	NINGXIA	41.4	41.4	8.7	24.1	2.6	5.9	0.0
新 疆	XINJIANG	65.1	64.0	19.0	40.9	1.2	3.0	0.0

各地区污水处理情况（四）
Waste Water Treatment by Region（4）
（2022）

单位：吨 (ton)

年份/ 地区	Year/ Region	污染物去除量 Quantity of Pollutants Removed by Urban Waste Water Treatment			
		化学需氧量 COD	氨氮 Ammonia Nitrogen	总氮 Total Nitrogen	总磷 Total Phosphorus
	2020	**17 796 767**	**1 852 949**	**2 051 513**	**272 619**
	2021	**19 551 792**	**2 011 731**	**2 255 442**	**303 755**
	2022	**19 456 196**	**2 100 019**	**2 351 676**	**308 323**
北 京	BEIJING	671 828	78 226	99 463	10 810
天 津	TIANJIN	292 011	39 624	47 595	6 346
河 北	HEBEI	839 363	108 196	129 788	15 222
山 西	SHANXI	463 599	57 958	65 212	6 595
内蒙古	INNER MONGOLIA	458 683	52 339	73 348	8 058
辽 宁	LIAONING	634 754	76 100	88 564	11 447
吉 林	JILIN	394 025	35 017	39 023	7 789
黑龙江	HEILONGJIANG	402 763	46 371	52 624	6 633
上 海	SHANGHAI	752 149	72 728	70 354	9 959
江 苏	JIANGSU	1 622 742	162 124	176 321	22 406
浙 江	ZHEJIANG	1 406 909	127 037	135 591	22 042
安 徽	ANHUI	599 286	79 370	85 302	10 786
福 建	FUJIAN	518 016	53 607	59 266	8 401
江 西	JIANGXI	235 948	28 312	25 345	4 017
山 东	SHANDONG	1 811 821	182 661	233 299	28 204
河 南	HENAN	1 069 811	134 515	159 078	17 124
湖 北	HUBEI	639 473	66 856	62 628	8 213
湖 南	HUNAN	580 997	54 439	57 940	9 105
广 东	GUANGDONG	2 216 763	225 904	223 388	35 619
广 西	GUANGXI	331 355	40 598	40 281	5 706
海 南	HAINAN	85 425	11 421	12 325	1 637
重 庆	CHONGQING	410 989	41 416	46 957	6 746
四 川	SICHUAN	842 850	101 034	107 941	13 385
贵 州	GUIZHOU	326 418	30 615	32 821	4 497
云 南	YUNNAN	321 340	34 313	34 768	6 277
西 藏	TIBET	8 533	827	902	88
陕 西	SHAANXI	617 674	65 141	70 266	8 417
甘 肃	GANSU	300 108	30 191	42 507	3 701
青 海	QINGHAI	59 633	9 056	10 597	1 547
宁 夏	NINGXIA	144 850	14 409	20 984	2 599
新 疆	XINJIANG	396 080	39 616	47 198	4 946

各地区生活垃圾处理场（厂）情况
Centralized Treatment of Garbage by Region
（2022）

年份/地区 Year/ Region		生活垃圾处理场（厂）数/家 Number of Garbage Treatment Plants（unit）	（单独）餐厨垃圾集中处理厂/家 （Single）Centralized Food Waste Treatment Plant（unit）	本年运行费用/万元 Annul Expenditure for Operation（10 000 yuan）	新增固定资产/万元 Newly-added Fixed Assets（10 000 yuan）
	2020	2 234	43	2 370 688.0	1 126 116.4
	2021	2 246	72	1 831 456.2	731 025.8
	2022	2 550	95	1 998 787.2	570 692.8
北　京	BEIJING	20	6	85 585.8	19 494.0
天　津	TIANJIN	4	1	11 488.7	6 454.3
河　北	HEBEI	113	2	61 476.3	10 212.4
山　西	SHANXI	89	2	35 351.5	2 002.0
内蒙古	INNER MONGOLIA	126	1	48 457.4	9 406.3
辽　宁	LIAONING	88	0	84 689.7	4 836.4
吉　林	JILIN	44	1	55 961.5	36 667.6
黑龙江	HEILONGJIANG	104	4	49 939.9	7 044.4
上　海	SHANGHAI	9	4	53 823.6	337.5
江　苏	JIANGSU	64	9	142 949.4	20 154.6
浙　江	ZHEJIANG	81	12	188 168.6	51 816.8
安　徽	ANHUI	50	4	36 147.0	4 528.1
福　建	FUJIAN	52	5	53 403.6	65 710.9
江　西	JIANGXI	68	2	43 721.3	8 890.4
山　东	SHANDONG	77	5	61 897.6	7 050.2
河　南	HENAN	111	0	51 591.7	15 790.3
湖　北	HUBEI	124	4	88 053.3	20 875.2
湖　南	HUNAN	101	2	128 341.5	24 527.7
广　东	GUANGDONG	101	8	225 489.3	82 825.0
广　西	GUANGXI	77	1	66 387.2	12 722.2
海　南	HAINAN	18	1	10 697.8	1 176.0
重　庆	CHONGQING	45	3	37 774.8	57 911.1
四　川	SICHUAN	145	7	95 219.1	14 496.8
贵　州	GUIZHOU	84	3	48 163.1	10 100.1
云　南	YUNNAN	129	1	59 938.6	16 445.6
西　藏	TIBET	95	0	8 999.9	4 648.1
陕　西	SHAANXI	108	3	73 101.3	12 319.1
甘　肃	GANSU	134	1	16 873.6	3 787.7
青　海	QINGHAI	120	0	9 895.9	21 570.0
宁　夏	NINGXIA	30	1	9 170.1	8 971.0
新　疆	XINJIANG	139	2	56 028.2	7 920.9

注：生活垃圾处理场（厂）不包括垃圾焚烧发电厂和水泥窑协同处置垃圾的企业，下同。

各地区生活垃圾处理场（厂）污染排放情况
Discharge of Garbage Treatment Plants Pollution by Region
（2022）

单位：吨 （ton）

年份/ 地区	Year/ Region	渗滤液中污染物排放量 Amount of Pollutants Discharged in the Landfill Leachate			
		化学需氧量 COD	氨氮 Ammonia Nitrogen	总氮 Total Nitrogen	总磷 Total Phosphorus
	2020	28 486	2 413	3 914	99
	2021	8 802	1 175	1 952	48
	2022	10 106	1 100	1 798	49
北　京	BEIJING	19	1	3	...
天　津	TIANJIN	12	2	5	...
河　北	HEBEI	39	4	11	...
山　西	SHANXI	207	15	21	1
内蒙古	INNER MONGOLIA	87	13	19	1
辽　宁	LIAONING	3 751	210	281	10
吉　林	JILIN	216	38	61	1
黑龙江	HEILONGJIANG	110	21	33	1
上　海	SHANGHAI	55	1	28	...
江　苏	JIANGSU	72	6	21	1
浙　江	ZHEJIANG	173	19	58	1
安　徽	ANHUI	60	13	24	1
福　建	FUJIAN	185	29	67	1
江　西	JIANGXI	190	46	79	3
山　东	SHANDONG	45	3	21	...
河　南	HENAN	141	29	48	1
湖　北	HUBEI	73	13	29	1
湖　南	HUNAN	206	39	83	3
广　东	GUANGDONG	236	32	87	3
广　西	GUANGXI	636	146	222	3
海　南	HAINAN	28	5	12	1
重　庆	CHONGQING	98	6	33	2
四　川	SICHUAN	320	55	94	3
贵　州	GUIZHOU	283	53	75	2
云　南	YUNNAN	840	97	121	3
西　藏	TIBET	77	17	21	...
陕　西	SHAANXI	1 262	120	151	4
甘　肃	GANSU	532	49	63	2
青　海	QINGHAI	62	10	13	...
宁　夏	NINGXIA	42	6	7	...
新　疆	XINJIANG	48	4	6	...

各地区危险废物（医疗废物）集中处理情况（一）
Centralized Treatment of Hazardous Wastes（Medical Wastes）by Region（1）
（2022）

年份/ 地区	Year/ Region	危险废物 集中处理厂 数/家 Number of Centralized Hazardous Wastes Treatment Plants （unit）	（单独）医疗 废物集中 处置厂数/家 Number of Centralized Medical Wastes Treatment Plants （unit）	协同处置企 业数/家 Number of Co-processi ngfirms （unit）	本年运行 费用/万元 Annul Expenditure for Operation （10 000 yuan）	累计完成投资/ 万元 Total Investment of Hazardous/ Medical Wastes Treatment Plants （10 000 yuan）	新增固定资 产/万元 Newly-added Fixed Assets （10 000 yuan）
	2020	**1 380**	**371**	**144**	**3 521 471.6**	**14 735 148.2**	**1 472 053.6**
	2021	**1 528**	**389**	**156**	**3 958 267.4**	**17 572 600.5**	**2 131 980.2**
	2022	**1 803**	**441**	**268**	**4 704 500.9**	**23 951 481.6**	**1 891 707.5**
北　京	BEIJING	10	2	2	86 588.1	119 806.9	1 793.7
天　津	TIANJIN	24	1	4	78 788.2	276 456.9	11 246.5
河　北	HEBEI	53	25	4	132 531.6	845 270.1	28 495.1
山　西	SHANXI	21	15	10	45 751.2	250 438.6	10 369.4
内蒙古	INNER MONGOLIA	36	21	6	71 661.2	369 195.6	37 673.8
辽　宁	LIAONING	49	15	6	117 298.2	634 940.5	107 459.7
吉　林	JILIN	44	11	11	45 832.3	316 356.0	20 396.4
黑龙江	HEILONGJIANG	44	19	1	47 925.8	269 324.1	26 515.5
上　海	SHANGHAI	33	0	0	193 366.9	618 831.2	64 307.3
江　苏	JIANGSU	369	4	19	760 219.0	3 760 224.4	199 626.0
浙　江	ZHEJIANG	171	4	18	522 969.7	1 999 607.9	290 957.5
安　徽	ANHUI	48	11	11	112 010.7	711 629.3	108 246.0
福　建	FUJIAN	58	6	9	116 593.5	771 552.7	48 208.7
江　西	JIANGXI	57	8	7	237 967.4	1 173 585.4	44 516.5
山　东	SHANDONG	192	13	23	441 688.2	3 053 677.1	199 745.7
河　南	HENAN	40	32	16	99 735.4	496 648.0	16 292.5
湖　北	HUBEI	83	15	6	131 131.1	1 173 415.8	98 461.7
湖　南	HUNAN	19	12	10	50 016.4	204 313.0	23 159.2
广　东	GUANGDONG	136	21	15	572 077.9	2 283 890.9	152 511.6
广　西	GUANGXI	28	16	22	73 283.2	347 162.1	19 063.3
海　南	HAINAN	7	0	1	3 949.5	28 081.0	310.0
重　庆	CHONGQING	22	22	10	71 590.4	355 917.5	15 619.1
四　川	SICHUAN	60	41	6	229 371.9	1 072 061.8	87 198.5
贵　州	GUIZHOU	18	32	5	26 789.0	188 878.3	32 231.9
云　南	YUNNAN	9	23	8	38 703.0	161 770.8	9 249.3
西　藏	TIBET	2	5	0	4 257.1	16 192.5	2 447.0
陕　西	SHAANXI	54	11	19	126 858.1	720 111.0	79 340.5
甘　肃	GANSU	29	18	5	66 738.5	438 966.3	66 855.3
青　海	QINGHAI	17	7	3	25 295.3	212 154.4	21 817.8
宁　夏	NINGXIA	22	4	3	29 320.3	291 093.3	24 791.8
新　疆	XINJIANG	48	27	8	144 191.6	789 928.2	42 800.3

各地区危险废物（医疗废物）集中处理情况（二）
Centralized Treatment of Hazardous Wastes（Medical Wastes）by Region（2）
（2022）

单位：吨 (ton)

年份/ 地区	Year/ Region	工业危险废物 处置量 Industrial Hazardous Wastes	医疗废物 处置量 Medical Hazardous Wastes	其他危险废物 处置量 Other Hazardous Wastes	危险废物综合 利用量 Volume of Hazardous Wastes Utilized
	2020	9 950 381	1 061 155	1 388 681	18 529 720
	2021	12 695 241	1 532 565	1 520 540	20 184 649
	2022	14 595 297	2 369 533	1 753 291	19 727 380
北 京	BEIJING	129 195	63 279	0	46 335
天 津	TIANJIN	413 939	24 713	96	314 895
河 北	HEBEI	755 289	101 720	15 172	204 782
山 西	SHANXI	164 174	53 360	16 812	96 017
内蒙古	INNER MONGOLIA	504 026	46 622	0	317 228
辽 宁	LIAONING	446 995	68 922	3 667	327 978
吉 林	JILIN	69 283	47 410	29 931	222 981
黑龙江	HEILONGJIANG	40 876	59 443	52 795	552 529
上 海	SHANGHAI	379 970	185 330	236 428	101 474
江 苏	JIANGSU	2 470 094	176 087	135 409	3 501 202
浙 江	ZHEJIANG	1 196 478	174 899	51 423	2 791 070
安 徽	ANHUI	423 002	71 332	7 477	277 464
福 建	FUJIAN	384 022	57 814	45 009	259 962
江 西	JIANGXI	187 366	58 991	74 859	818 338
山 东	SHANDONG	2 228 602	172 427	64 354	2 410 090
河 南	HENAN	255 591	154 287	50	414 969
湖 北	HUBEI	498 110	86 902	18 301	462 748
湖 南	HUNAN	97 035	76 329	428	81 073
广 东	GUANGDONG	1 077 251	164 270	352 504	2 183 771
广 西	GUANGXI	177 603	68 829	108 741	262 584
海 南	HAINAN	20 119	10 413	0	14 512
重 庆	CHONGQING	217 628	44 947	28 622	231 741
四 川	SICHUAN	304 249	110 397	5 681	987 158
贵 州	GUIZHOU	184 387	48 286	35 066	112 407
云 南	YUNNAN	38 396	67 297	5 976	96 283
西 藏	TIBET	0	7 418	980	0
陕 西	SHAANXI	492 147	68 419	180 742	914 423
甘 肃	GANSU	255 661	28 925	4 069	400 442
青 海	QINGHAI	142 523	10 028	9 241	144 744
宁 夏	NINGXIA	93 905	13 616	19 130	336 399
新 疆	XINJIANG	947 382	46 821	250 326	841 780

各地区危险废物（医疗废物）集中处理厂污染排放情况
Discharge of Hazardous Wastes Treatment Plants Pollution by Region
（2022）

单位：吨

年份/ 地区	Year/ Region	废气中污染物排放量 Amount of Pollutants Discharged in the Waste Gas		
		二氧化硫 Sulphur Dioxide	氮氧化物 Nitrogen Oxide	颗粒物 Particulate Matter
	2020	**1 047**	**4 902**	**2 637**
	2021	**1 082**	**6 284**	**632**
	2022	**1 134**	**8 042**	**602**
北　京	BEIJING	1	12	1
天　津	TIANJIN	19	123	5
河　北	HEBEI	29	212	18
山　西	SHANXI	6	24	5
内蒙古	INNER MONGOLIA	26	46	6
辽　宁	LIAONING	38	317	31
吉　林	JILIN	11	85	12
黑龙江	HEILONGJIANG	16	36	3
上　海	SHANGHAI	12	398	7
江　苏	JIANGSU	157	1 069	77
浙　江	ZHEJIANG	127	821	75
安　徽	ANHUI	22	240	13
福　建	FUJIAN	42	244	21
江　西	JIANGXI	83	145	25
山　东	SHANDONG	88	413	31
河　南	HENAN	12	120	4
湖　北	HUBEI	30	371	38
湖　南	HUNAN	66	456	18
广　东	GUANGDONG	190	1 564	73
广　西	GUANGXI	38	737	36
海　南	HAINAN	1	3	1
重　庆	CHONGQING	17	80	22
四　川	SICHUAN	24	145	9
贵　州	GUIZHOU	1	18	3
云　南	YUNNAN	18	58	15
西　藏	TIBET	...	1	1
陕　西	SHAANXI	12	100	15
甘　肃	GANSU	3	16	1
青　海	QINGHAI	2	16	2
宁　夏	NINGXIA	1	12	2
新　疆	XINJIANG	41	158	34

各地区移动源污染排放情况
Discharge of Motor Vehicle Pollution by Region
（2022）

单位：吨 (ton)

年份/ 地区	Year/ Region	移动源污染物排放量 Total Amount of Discharge of Motor Vehicle Pollution		
		总颗粒物 Total Particulate	氮氧化物 Nitrogen Oxide	挥发性有机物 Volatile Organic Compounds
	2020	**85 240**	**5 669 200**	**2 105 003**
	2021	**68 278**	**5 820 971**	**2 003 566**
	2022	**52 561**	**5 266 782**	**1 912 267**
北 京	BEIJING	355	55 803	32 598
天 津	TIANJIN	618	64 040	22 903
河 北	HEBEI	3 499	486 153	113 429
山 西	SHANXI	1 928	218 481	56 812
内蒙古	INNER MONGOLIA	1 526	129 553	59 941
辽 宁	LIAONING	4 864	319 899	108 305
吉 林	JILIN	1 368	111 283	51 384
黑龙江	HEILONGJIANG	2 849	143 965	70 276
上 海	SHANGHAI	710	98 988	20 304
江 苏	JIANGSU	2 497	290 536	106 248
浙 江	ZHEJIANG	2 217	243 071	104 345
安 徽	ANHUI	1 847	223 160	54 463
福 建	FUJIAN	927	92 569	47 973
江 西	JIANGXI	1 495	147 673	43 341
山 东	SHANDONG	4 895	525 696	171 224
河 南	HENAN	3 611	341 169	128 779
湖 北	HUBEI	1 855	192 677	54 343
湖 南	HUNAN	1 544	135 484	59 786
广 东	GUANGDONG	3 936	393 692	154 713
广 西	GUANGXI	1 302	112 387	60 397
海 南	HAINAN	359	20 157	11 547
重 庆	CHONGQING	753	84 722	32 288
四 川	SICHUAN	1 384	155 670	78 391
贵 州	GUIZHOU	1 165	102 818	39 167
云 南	YUNNAN	1 306	138 312	63 077
西 藏	TIBET	576	41 040	7 946
陕 西	SHAANXI	691	119 018	50 411
甘 肃	GANSU	1 087	90 016	33 602
青 海	QINGHAI	190	32 700	13 226
宁 夏	NINGXIA	320	56 184	14 927
新 疆	XINJIANG	887	99 867	46 123

10

各工业行业污染排放及治理统计

各工业行业废水排放及治理情况（一）
（2022）

单位：吨

行业名称	工业废水中污染物排放量			
	化学需氧量	氨氮	总氮	总磷
行业汇总	**330 217.7**	**12 386.2**	**74 320.6**	**2 120.2**
农、林、牧、渔专业及辅助性活动	427.5	26.0	71.5	14.3
煤炭开采和洗选业	6 437.2	142.3	374.6	9.0
石油和天然气开采业	877.9	25.4	86.5	1.4
黑色金属矿采选业	1 492.7	23.4	65.2	0.7
有色金属矿采选业	3 761.9	232.9	589.6	7.3
非金属矿采选业	1 462.0	143.3	171.9	21.6
开采专业及辅助性活动	32.5	1.1	5.6	0.2
其他采矿业	1.5	0.1	0.3	...
农副食品加工业	28 835.9	1 234.1	6 761.0	564.7
食品制造业	16 961.5	1 063.4	4 628.8	152.0
酒、饮料和精制茶制造业	11 656.7	455.4	2 535.8	119.3
烟草制品业	331.1	12.5	59.4	1.0
纺织业	55 112.7	1 138.3	10 205.1	192.3
纺织服装、服饰业	2 693.4	100.7	521.3	21.3
皮革、毛皮、羽毛及其制品和制鞋业	2 840.5	114.7	937.0	15.8
木材加工和木、竹、藤、棕、草制品业	181.5	4.1	14.1	0.4
家具制造业	138.7	3.6	23.7	1.1
造纸和纸制品业	52 253.0	1 295.9	6 137.9	112.6
印刷和记录媒介复制业	173.7	13.0	44.5	0.6
文教、工美、体育和娱乐用品制造业	194.7	7.3	63.4	1.3
石油、煤炭及其他燃料加工业	11 803.1	369.9	4 237.5	80.5
化学原料和化学制品制造业	44 457.9	2 664.3	14 243.2	245.2
医药制造业	11 848.4	470.8	3 036.2	88.1
化学纤维制造业	11 326.2	366.5	959.6	20.3
橡胶和塑料制品业	2 102.0	75.5	557.4	16.3
非金属矿物制品业	3 122.6	96.7	522.7	11.6
黑色金属冶炼和压延加工业	5 211.6	315.1	1 978.2	25.2
有色金属冶炼和压延加工业	3 530.8	209.5	782.4	16.9
金属制品业	4 930.6	159.5	1 221.0	44.8
通用设备制造业	1 136.9	26.6	261.2	8.6
专用设备制造业	824.6	22.9	174.4	4.6
汽车制造业	3 169.1	70.2	667.9	24.7
铁路、船舶、航空航天和其他运输设备制造业	1 742.5	39.0	316.7	8.5
电气机械和器材制造业	4 116.2	161.8	1 534.2	24.1
计算机、通信和其他电子设备制造业	18 716.4	758.8	6 460.3	145.2
仪器仪表制造业	108.4	5.2	30.9	1.0
其他制造业	278.0	9.3	70.4	2.5
废弃资源综合利用业	629.6	18.6	121.4	4.4
金属制品、机械和设备修理业	448.0	11.4	81.4	2.1
电力、热力生产和供应业	8 329.0	302.5	1 913.9	33.4
燃气生产和供应业	22.3	0.9	2.4	0.1
水的生产和供应业	6 496.8	194.0	1 850.0	75.3

注：分行业废水污染物相关指标数据口径为工业重点调查单位，下同。

各工业行业废水排放及治理情况（二）
（2022）

行业名称	工业废水中污染物排放量			
	石油类/吨	挥发酚/千克	氰化物/千克	重金属/千克
行业汇总	**1 557.6**	**45 009.1**	**22 316.6**	**45 094.4**
农、林、牧、渔专业及辅助性活动	...	...	...	0.0
煤炭开采和洗选业	60.8	84.9	371.4	3 251.3
石油和天然气开采业	36.1	802.3	0.3	0.0
黑色金属矿采选业	34.8	0.0	0.0	3 918.5
有色金属矿采选业	10.4	73.8	170.5	11 230.4
非金属矿采选业	0.8	0.7	...	507.1
开采专业及辅助性活动	0.1	0.1	0.8	11.5
其他采矿业	0.0	0.0	0.0	0.0
农副食品加工业	25.2	16.2	2.6	0.5
食品制造业	24.4	150.3	0.1	...
酒、饮料和精制茶制造业	1.5	15.4	0.7	0.1
烟草制品业	0.4	0.1	0.0	0.0
纺织业	6.4	273.1	227.7	7.0
纺织服装、服饰业	0.1	0.2	0.0	0.0
皮革、毛皮、羽毛及其制品和制鞋业	2.9	5.2	17.4	5 073.7
木材加工和木、竹、藤、棕、草制品业	...	0.7	0.0	0.0
家具制造业	3.7	0.1	0.4	0.0
造纸和纸制品业	4.5	270.1	...	0.0
印刷和记录媒介复制业	7.1	5.7	5.8	0.7
文教、工美、体育和娱乐用品制造业	1.6	14.2	1.1	44.7
石油、煤炭及其他燃料加工业	254.9	28 733.0	8 838.3	695.6
化学原料和化学制品制造业	142.3	6 475.4	4 023.3	2 616.0
医药制造业	3.7	231.9	84.5	8.6
化学纤维制造业	16.4	0.4	10.6	0.0
橡胶和塑料制品业	20.9	2.5	3.2	29.8
非金属矿物制品业	32.8	46.8	69.2	248.3
黑色金属冶炼和压延加工业	90.6	7 165.7	5 678.1	5 771.6
有色金属冶炼和压延加工业	98.4	7.6	8.0	5 410.0
金属制品业	183.1	24.2	1 461.9	3 865.1
通用设备制造业	59.0	1.6	13.2	116.9
专用设备制造业	33.0	20.0	7.4	45.2
汽车制造业	110.7	0.5	3.4	295.4
铁路、船舶、航空航天和其他运输设备制造业	133.4	46.9	10.3	126.1
电气机械和器材制造业	10.1	12.1	7.5	1 077.8
计算机、通信和其他电子设备制造业	96.9	37.3	1 177.6	592.2
仪器仪表制造业	1.7	0.0	0.4	4.0
其他制造业	2.7	...	5.5	7.8
废弃资源综合利用业	18.0	5.2	...	18.4
金属制品、机械和设备修理业	8.1	3.6	0.3	2.9
电力、热力生产和供应业	12.0	426.8	16.8	103.2
燃气生产和供应业	0.3	42.0	66.0	0.0
水的生产和供应业	7.8	12.4	32.4	14.0

各工业行业废气排放及治理情况
（2022）

単位：吨

行业名称	工业废气中污染物排放量			
	二氧化硫	氮氧化物	颗粒物	挥发性有机物
行业汇总	**1 834 937.9**	**3 332 578.4**	**3 056 954.2**	**1 954 839.2**
农、林、牧、渔专业及辅助性活动	1 002.4	617.1	422.0	1 261.2
煤炭开采和洗选业	3 698.2	5 824.0	1 032 517.9	169.2
石油和天然气开采业	5 468.2	13 579.1	644.8	19 894.2
黑色金属矿采选业	675.9	952.8	50 458.3	10.9
有色金属矿采选业	785.5	781.6	286 251.4	347.6
非金属矿采选业	1 785.4	2 246.3	25 913.7	104.8
开采专业及辅助性活动	76.5	148.5	300.8	781.2
其他采矿业	32.2	40.5	436.5	0.1
农副食品加工业	8 922.8	21 499.5	9 409.7	28 585.0
食品制造业	8 728.5	14 319.6	3 381.4	6 522.9
酒、饮料和精制茶制造业	4 045.8	6 996.4	1 780.5	2 693.2
烟草制品业	265.0	437.1	1 487.9	388.3
纺织业	5 879.8	9 910.6	3 830.3	14 279.7
纺织服装、服饰业	4 101.4	547.0	139.2	150.6
皮革、毛皮、羽毛及其制品和制鞋业	189.0	411.3	1 913.3	18 645.1
木材加工和木、竹、藤、棕、草制品业	4 658.8	6 004.5	13 814.0	79 435.7
家具制造业	110.2	191.1	3 064.9	16 616.0
造纸和纸制品业	14 635.4	36 212.9	6 155.4	23 112.3
印刷和记录媒介复制业	124.6	427.8	30.7	63 339.7
文教、工美、体育和娱乐用品制造业	59.2	112.1	208.5	5 831.9
石油、煤炭及其他燃料加工业	59 123.2	163 338.1	112 444.6	466 901.1
化学原料和化学制品制造业	111 723.8	151 448.6	106 776.1	469 422.3
医药制造业	2 688.3	6 539.8	1 533.6	119 648.6
化学纤维制造业	4 224.6	6 595.2	2 792.5	23 652.0
橡胶和塑料制品业	3 217.2	5 644.3	5 140.0	122 071.2
非金属矿物制品业	315 758.7	830 447.1	593 742.2	38 691.6
黑色金属冶炼和压延加工业	412 605.5	751 988.1	397 650.5	89 292.0
有色金属冶炼和压延加工业	263 975.5	98 073.1	63 540.6	7 451.3
金属制品业	2 095.2	8 788.9	21 279.5	58 941.5
通用设备制造业	136.6	3 138.5	4 420.4	13 013.5
专用设备制造业	143.3	1 455.0	4 294.6	9 647.0
汽车制造业	335.7	3 685.5	5 775.9	54 680.5
铁路、船舶、航空航天和其他运输设备制造业	219.2	1 220.4	4 540.7	30 816.9
电气机械和器材制造业	267.7	3 406.1	1 077.9	43 425.0
计算机、通信和其他电子设备制造业	451.2	2 899.3	1 651.2	76 158.0
仪器仪表制造业	4.2	12.9	13.1	823.9
其他制造业	146.1	297.8	10 856.2	5 899.5
废弃资源综合利用业	3 657.8	3 303.9	6 311.9	1 413.7
金属制品、机械和设备修理业	41.6	65.5	328.0	6 015.8
电力、热力生产和供应业	588 120.0	1 166 868.1	266 854.8	33 633.8
燃气生产和供应业	755.9	2 093.2	3 765.0	1 068.9
水的生产和供应业	1.7	9.3	4.1	1.4

注：分行业废气污染物相关指标数据口径为工业重点调查单位，下同。

各工业行业一般工业固体废物产生及利用处置情况
（2022）

单位：万吨

行业名称	一般工业固体废物产生量	一般工业固体废物综合利用量	一般工业固体废物处置量
行业汇总	**411 371**	**237 025**	**88 761**
农、林、牧、渔专业及辅助性活动	30	23	5
煤炭开采和洗选业	54 303	34 078	18 682
石油和天然气开采业	361	146	217
黑色金属矿采选业	56 448	18 962	15 262
有色金属矿采选业	57 889	14 809	12 511
非金属矿采选业	5 735	3 522	1 040
开采专业及辅助性活动	491	367	133
其他采矿业	16	7	2
农副食品加工业	1 606	1 352	249
食品制造业	1 062	790	248
酒、饮料和精制茶制造业	1 179	1 025	154
烟草制品业	32	23	9
纺织业	458	352	107
纺织服装、服饰业	10	6	4
皮革、毛皮、羽毛及其制品和制鞋业	64	26	39
木材加工和木、竹、藤、棕、草制品业	151	134	17
家具制造业	65	53	11
造纸和纸制品业	2 444	1 805	652
印刷和记录媒介复制业	94	67	27
文教、工美、体育和娱乐用品制造业	11	8	3
石油、煤炭及其他燃料加工业	6 963	2 848	3 293
化学原料和化学制品制造业	40 153	25 117	6 416
医药制造业	344	186	128
化学纤维制造业	379	292	82
橡胶和塑料制品业	162	118	46
非金属矿物制品业	4 992	4 250	558
黑色金属冶炼和压延加工业	57 227	48 252	6 339
有色金属冶炼和压延加工业	20 726	5 979	4 745
金属制品业	910	621	287
通用设备制造业	285	225	62
专用设备制造业	185	116	69
汽车制造业	800	661	139
铁路、船舶、航空航天和其他运输设备制造业	183	132	51
电气机械和器材制造业	345	244	101
计算机、通信和其他电子设备制造业	415	315	100
仪器仪表制造业	2	2	1
其他制造业	15	11	4
废弃资源综合利用业	1 926	1 630	307
金属制品、机械和设备修理业	48	43	5
电力、热力生产和供应业	92 566	68 323	16 571
燃气生产和供应业	166	19	38
水的生产和供应业	130	88	45

各工业行业危险废物产生及利用处置情况
（2022）

单位：吨

行业名称	危险废物产生量	危险废物利用处置量
行业汇总	95 147 958	94 439 027
农、林、牧、渔专业及辅助性活动	2 075	2 077
煤炭开采和洗选业	45 925	45 571
石油和天然气开采业	2 553 340	2 654 510
黑色金属矿采选业	4 724	4 630
有色金属矿采选业	5 442 976	5 432 094
非金属矿采选业	1 625 041	5 492
开采专业及辅助性活动	108 403	149 761
其他采矿业	201	204
农副食品加工业	11 572	11 756
食品制造业	47 881	49 861
酒、饮料和精制茶制造业	5 176	5 056
烟草制品业	1 394	1 371
纺织业	183 799	184 661
纺织服装、服饰业	6 979	7 192
皮革、毛皮、羽毛及其制品和制鞋业	163 037	163 513
木材加工和木、竹、藤、棕、草制品业	7 359	7 579
家具制造业	40 215	41 384
造纸和纸制品业	46 576	46 445
印刷和记录媒介复制业	48 017	47 969
文教、工美、体育和娱乐用品制造业	27 108	26 810
石油、煤炭及其他燃料加工业	14 772 476	14 743 177
化学原料和化学制品制造业	18 194 182	18 288 312
医药制造业	2 369 688	2 372 933
化学纤维制造业	87 585	88 017
橡胶和塑料制品业	393 957	396 035
非金属矿物制品业	716 977	736 142
黑色金属冶炼和压延加工业	10 701 979	10 739 578
有色金属冶炼和压延加工业	15 208 727	15 825 926
金属制品业	3 940 213	3 951 070
通用设备制造业	492 040	497 291
专用设备制造业	146 999	159 643
汽车制造业	909 222	916 267
铁路、船舶、航空航天和其他运输设备制造业	209 591	210 445
电气机械和器材制造业	726 758	725 534
计算机、通信和其他电子设备制造业	4 548 107	4 553 604
仪器仪表制造业	9 031	9 191
其他制造业	38 463	36 504
废弃资源综合利用业	1 123 821	1 147 177
金属制品、机械和设备修理业	170 659	171 363
电力、热力生产和供应业	9 919 633	9 886 073
燃气生产和供应业	76 609	77 889
水的生产和供应业	25 340	24 802

各工业行业污染治理情况（一）
（2022）

行业名称	废水治理设施数/套	废水治理设施治理能力/（万吨/日）	废水治理设施运行费用/万元
行业汇总	**72 848**	**18 378.8**	**7 139 186.3**
农、林、牧、渔专业及辅助性活动	162	12.4	2 215.6
煤炭开采和洗选业	2 144	1 093.1	189 979.6
石油和天然气开采业	553	511.3	179 113.3
黑色金属矿采选业	353	489.0	57 646.5
有色金属矿采选业	669	581.9	103 724.6
非金属矿采选业	268	113.0	10 548.9
开采专业及辅助性活动	20	11.4	1 394.4
其他采矿业	1	0.1	3.0
农副食品加工业	8 083	632.8	171 263.8
食品制造业	3 215	346.1	140 367.1
酒、饮料和精制茶制造业	2 180	282.3	106 433.6
烟草制品业	107	11.7	9 311.0
纺织业	4 393	1 097.2	448 685.8
纺织服装、服饰业	554	70.6	16 145.7
皮革、毛皮、羽毛及其制品和制鞋业	1 065	143.9	48 496.3
木材加工和木、竹、藤、棕、草制品业	281	9.8	1 958.1
家具制造业	509	3.4	2 047.8
造纸和纸制品业	1 924	1 314.4	465 425.1
印刷和记录媒介复制业	563	5.1	4 683.2
文教、工美、体育和娱乐用品制造业	511	7.2	4 080.7
石油、煤炭及其他燃料加工业	911	511.3	772 759.0
化学原料和化学制品制造业	8 077	1 145.2	1 342 533.6
医药制造业	4 006	230.2	351 653.7
化学纤维制造业	533	218.6	99 360.5
橡胶和塑料制品业	1 281	49.3	24 599.4
非金属矿物制品业	2 676	416.3	57 528.4
黑色金属冶炼和压延加工业	1 918	5 626.0	883 425.8
有色金属冶炼和压延加工业	1 921	194.5	220 882.9
金属制品业	7 560	303.0	253 315.5
通用设备制造业	1 761	27.7	19 712.3
专用设备制造业	1 020	20.5	13 577.5
汽车制造业	2 822	101.9	78 827.4
铁路、船舶、航空航天和其他运输设备制造业	827	26.0	14 325.1
电气机械和器材制造业	1 505	113.0	90 688.6
计算机、通信和其他电子设备制造业	3 990	640.1	598 130.8
仪器仪表制造业	153	2.6	933.9
其他制造业	350	8.8	6 195.5
废弃资源综合利用业	679	32.4	21 820.2
金属制品、机械和设备修理业	278	5.8	6 764.0
电力、热力生产和供应业	2 638	1 510.9	229 767.8
燃气生产和供应业	31	6.4	9 265.1
水的生产和供应业	356	451.6	79 595.7

各工业行业污染治理情况（二）
（2022）

行业名称	废气治理设施数/套	脱硫设施	脱硝设施	除尘设施	VOCs治理设施	废气治理设施运行费用/万元
行业汇总	394 538	34 093	24 136	183 427	109 827	22 343 440.7
农、林、牧、渔专业及辅助性活动	489	115	24	277	34	2 521.5
煤炭开采和洗选业	2 781	392	292	1 938	4	51 826.9
石油和天然气开采业	181	42	46	20	10	20 516.6
黑色金属矿采选业	1 128	40	13	1 056	6	22 958.0
有色金属矿采选业	1 253	72	22	1 130	0	23 634.9
非金属矿采选业	1 531	83	32	1 379	3	26 087.6
开采专业及辅助性活动	30	1	1	16	9	657.0
其他采矿业	19	1	0	16	0	207.9
农副食品加工业	8 749	763	988	5 294	326	109 285.1
食品制造业	3 757	352	483	1 540	336	87 189.4
酒、饮料和精制茶制造业	2 280	192	314	1 148	245	29 150.5
烟草制品业	557	7	12	440	26	8 630.1
纺织业	10 014	280	388	2 609	4 599	195 696.4
纺织服装、服饰业	529	29	44	242	91	3 993.3
皮革、毛皮、羽毛及其制品和制鞋业	4 622	81	124	942	3 172	24 694.4
木材加工和木、竹、藤、棕、草制品业	6 601	67	209	3 868	2 276	56 391.3
家具制造业	13 327	40	28	5 791	7 114	70 177.9
造纸和纸制品业	4 007	579	548	1 339	1 261	226 531.3
印刷和记录媒介复制业	5 281	26	36	139	4 795	78 774.7
文教、工美、体育和娱乐用品制造业	3 268	32	13	831	2 044	22 000.5
石油、煤炭及其他燃料加工业	5 448	1 149	932	2 126	1 027	1 474 716.
化学原料和化学制品制造业	37 991	2 920	2 269	14 589	13 511	1 519 692.
医药制造业	10 087	206	365	3 007	4 820	218 928.4
化学纤维制造业	2 321	157	184	301	1 489	99 808.9
橡胶和塑料制品业	22 575	267	294	4 189	15 872	290 300.2
非金属矿物制品业	76 491	12 330	5 190	54 851	2 272	1 813 047.
黑色金属冶炼和压延加工业	15 503	1 539	1 065	11 433	306	5 730 354.
有色金属冶炼和压延加工业	10 246	1 618	447	5 994	916	918 249.5
金属制品业	42 860	1 361	1 156	20 447	10 414	338 013.9
通用设备制造业	11 046	96	148	5 125	4 542	88 966.7
专用设备制造业	6 857	61	100	3 195	2 867	64 853.9
汽车制造业	16 885	99	451	7 317	7 127	290 584.8
铁路、船舶、航空航天和其他运输设备制造	5 215	53	61	2 232	2 388	81 422.4
电气机械和器材制造业	11 551	272	138	3 658	5 593	150 627.7
计算机、通信和其他电子设备制造业	17 927	788	135	3 443	7 640	394 585.3
仪器仪表制造业	631	5	1	173	345	4 243.4
其他制造业	1 370	37	19	426	717	11 890.1
废弃资源综合利用业	4 310	263	95	2 426	1 164	64 996.7
金属制品、机械和设备修理业	767	13	25	226	412	7 576.4
电力、热力生产和供应业	23 935	7 653	7 412	8 217	42	7 707 251.
燃气生产和供应业	100	11	32	34	7	11 208.9
水的生产和供应业	18	1	0	3	5	1 196.6

各地区电力、热力生产和供应业废气排放及治理情况（一）
（2022）

单位：吨

地　区	工业废气中污染物排放量			
	二氧化硫	氮氧化物	颗粒物	挥发性有机物
全　国	**588 120**	**1 166 868**	**266 855**	**33 634**
北　京	491	7 499	107	594
天　津	3 485	11 483	550	869
河　北	18 428	38 719	5 029	1 265
山　西	34 469	61 631	20 095	1 974
内蒙古	61 534	115 582	43 804	3 188
辽　宁	24 982	54 821	13 535	2 542
吉　林	18 038	44 039	22 781	474
黑龙江	31 868	55 791	27 282	924
上　海	3 788	10 231	439	289
江　苏	31 977	69 949	7 991	2 142
浙　江	22 181	54 184	4 582	1 737
安　徽	19 576	43 227	4 773	1 294
福　建	12 136	30 721	5 524	740
江　西	9 891	21 439	2 448	511
山　东	44 173	95 954	6 788	2 943
河　南	22 060	43 836	4 391	1 265
湖　北	10 478	25 853	3 979	1 030
湖　南	7 426	19 892	3 105	384
广　东	25 704	71 667	11 520	2 189
广　西	8 752	17 528	5 153	344
海　南	1 344	4 287	280	87
重　庆	8 748	14 852	3 971	254
四　川	11 320	24 735	3 774	374
贵　州	56 310	48 348	8 831	529
云　南	15 281	20 462	5 371	238
西　藏	239	398	79	1
陕　西	17 362	35 086	5 596	2 223
甘　肃	14 827	31 026	4 224	659
青　海	2 743	5 400	1 415	147
宁　夏	17 379	30 255	10 267	856
新　疆	31 128	57 974	29 172	1 569

各地区电力、热力生产和供应业废气排放及治理情况（二）
（2022）

地　区	废气治理设施数/套	脱硫设施	脱硝设施	除尘设施	VOCs治理设施	废气治理设施运行费用/万元
全　国	**23 935**	**7 653**	**7 412**	**8 217**	**42**	**7 707 251.5**
北　京	161	29	70	24	0	16 757.0
天　津	267	64	115	63	1	94 900.0
河　北	1 571	479	556	482	5	443 938.9
山　西	852	264	328	243	0	422 979.1
内蒙古	2 066	731	458	863	0	475 120.6
辽　宁	2 473	803	729	926	1	215 912.4
吉　林	1 268	484	186	598	0	78 106.1
黑龙江	2 201	661	617	917	0	136 432.8
上　海	215	39	73	55	16	155 807.8
江　苏	1 067	357	363	303	1	747 440.2
浙　江	988	340	298	289	3	619 764.5
安　徽	599	205	193	189	1	389 587.5
福　建	361	125	111	121	0	167 712.7
江　西	288	98	83	98	0	143 066.4
山　东	3 393	1 040	1 184	1 130	2	926 381.2
河　南	682	213	230	199	1	378 176.8
湖　北	348	108	116	117	2	225 472.1
湖　南	233	71	71	77	0	159 946.6
广　东	679	198	258	164	5	466 888.2
广　西	215	50	57	100	0	70 220.5
海　南	92	29	30	25	0	51 626.7
重　庆	119	39	35	36	0	124 632.0
四　川	305	91	101	87	4	124 210.3
贵　州	228	85	65	67	0	232 300.9
云　南	122	44	33	40	0	87 102.4
西　藏	17	3	1	13	0	5 457.6
陕　西	518	151	199	131	0	205 883.7
甘　肃	1 027	297	399	301	0	141 489.0
青　海	150	45	45	60	0	16 516.5
宁　夏	306	104	98	102	0	204 449.8
新　疆	1 124	406	310	397	0	178 971.5

各地区非金属矿物制品业废气排放及治理情况（一）
（2022）

单位：吨

地　区	工业废气中污染物排放量			
	二氧化硫	氮氧化物	颗粒物	挥发性有机物
全　国	**315 759**	**830 447**	**593 742**	**38 692**
北　京	13	517	1 109	62
天　津	139	1 057	869	103
河　北	11 962	31 768	29 384	1 171
山　西	12 389	24 058	16 261	398
内蒙古	10 527	24 867	14 083	4 290
辽　宁	15 117	37 022	17 146	425
吉　林	5 330	9 132	6 839	434
黑龙江	1 985	5 791	4 194	74
上　海	14	118	101	21
江　苏	7 265	14 136	25 246	865
浙　江	8 237	25 790	32 500	1 791
安　徽	27 844	47 981	35 223	3 260
福　建	13 223	52 046	26 630	686
江　西	24 106	64 761	25 790	2 443
山　东	16 928	36 479	30 397	2 372
河　南	14 972	24 264	19 461	751
湖　北	9 035	36 429	21 179	1 139
湖　南	14 591	28 662	20 888	1 343
广　东	21 223	81 680	44 965	7 586
广　西	11 367	52 537	24 298	991
海　南	1 383	4 065	5 661	81
重　庆	11 881	25 695	23 610	959
四　川	22 701	49 916	38 694	2 670
贵　州	6 829	30 107	25 105	2 058
云　南	17 674	43 670	36 942	719
西　藏	730	3 406	3 378	204
陕　西	8 351	20 578	15 699	960
甘　肃	6 837	22 829	16 619	329
青　海	1 063	4 098	3 489	49
宁　夏	4 393	6 508	8 383	119
新　疆	7 654	20 478	19 599	338

各地区非金属矿物制品业废气排放及治理情况（二）

（2022）

地　区	废气治理设施数/套	脱硫设施	脱硝设施	除尘设施	VOCs 治理设施	废气治理设施运行费用/万元
全　国	76 491	12 330	5 190	54 851	2 272	1 813 047.6
北　京	781	5	6	753	15	4 634.6
天　津	457	13	18	357	54	14 182.5
河　北	6 712	567	456	5 078	395	137 711.8
山　西	5 374	742	321	4 234	17	65 122.6
内蒙古	2 462	237	59	2 127	8	38 630.5
辽　宁	3 569	606	319	2 548	43	67 950.5
吉　林	566	53	36	467	0	12 085.7
黑龙江	937	25	21	891	0	8 498.2
上　海	451	5	9	335	75	2 719.6
江　苏	2 372	164	118	1 741	198	86 717.6
浙　江	2 644	247	116	2 110	82	78 138.5
安　徽	4 859	745	325	3 579	135	135 392.8
福　建	2 055	471	75	1 441	49	60 739.7
江　西	3 163	689	161	2 113	72	73 149.3
山　东	9 280	1 098	895	6 806	317	206 320.2
河　南	5 481	1 006	786	3 433	77	115 825.0
湖　北	2 637	336	122	2 032	98	84 948.3
湖　南	2 439	722	119	1 466	60	68 820.1
广　东	3 908	689	287	2 433	333	148 648.7
广　西	1 718	547	109	988	44	55 437.9
海　南	374	54	10	307	0	17 034.7
重　庆	1 320	361	82	839	10	40 486.4
四　川	4 411	1 308	251	2 629	114	91 893.4
贵　州	698	162	90	419	5	29 675.1
云　南	2 478	515	106	1 792	3	57 216.4
西　藏	59	13	11	34	0	2 246.8
陕　西	1 655	300	102	1 168	39	33 007.1
甘　肃	1 209	245	56	887	10	24 871.9
青　海	370	29	16	325	0	7 779.9
宁　夏	888	124	27	727	2	11 639.0
新　疆	1 164	252	81	792	17	31 522.5

各地区黑色金属冶炼和压延加工业废气排放及治理情况（一）

（2022）

单位：吨

地　区	工业废气中污染物排放量			
	二氧化硫	氮氧化物	颗粒物	挥发性有机物
全　国	**412 606**	**751 988**	**397 650**	**89 292**
北　京	1	48	11	5
天　津	1 932	4 647	2 434	1 644
河　北	85 574	156 858	64 306	21 237
山　西	26 040	38 473	20 327	7 639
内蒙古	20 769	40 455	17 797	252
辽　宁	27 678	62 872	41 236	2 915
吉　林	8 114	17 456	13 742	933
黑龙江	5 405	10 564	8 985	327
上　海	2 285	6 559	4 496	785
江　苏	24 620	43 090	31 097	8 347
浙　江	2 246	6 844	3 394	2 143
安　徽	11 389	22 486	11 908	4 797
福　建	10 013	21 582	13 889	2 519
江　西	14 162	24 930	9 432	2 565
山　东	15 880	38 142	20 070	8 609
河　南	7 199	12 235	8 036	1 816
湖　北	11 852	20 396	8 831	2 712
湖　南	9 692	23 612	12 777	3 515
广　东	10 887	22 378	12 657	3 486
广　西	11 337	31 832	14 372	4 854
海　南	0	0	0	0
重　庆	5 297	9 629	3 982	2 466
四　川	36 269	35 686	11 917	450
贵　州	5 929	9 169	4 801	663
云　南	14 897	30 994	11 361	98
西　藏	0	0	0	0
陕　西	5 212	7 354	5 170	496
甘　肃	10 474	13 067	16 462	2 597
青　海	4 606	5 658	4 271	45
宁　夏	12 062	19 277	8 096	150
新　疆	10 782	15 698	11 793	1 226

各地区黑色金属冶炼和压延加工业废气排放及治理情况（二）（2022）

地　区	废气治理设施数/套	脱硫设施	脱硝设施	除尘设施	VOCs治理设施	废气治理设施运行费用/万元
全　国	**15 503**	**1 539**	**1 065**	**11 433**	**306**	**5 730 354.2**
北　京	8	0	0	8	0	332.0
天　津	360	46	26	258	14	154 368.4
河　北	2 997	353	355	2 100	36	1 219 466.9
山　西	1 107	146	92	833	15	372 582.1
内蒙古	766	55	15	689	0	143 916.2
辽　宁	935	99	19	785	4	380 499.5
吉　林	68	14	0	51	0	36 710.7
黑龙江	112	11	1	98	0	27 782.8
上　海	393	14	4	292	17	73 090.4
江　苏	1 412	121	74	863	65	671 355.9
浙　江	427	40	16	241	21	147 013.5
安　徽	674	84	20	506	14	330 761.8
福　建	549	49	39	354	13	102 272.4
江　西	331	25	5	283	2	181 822.7
山　东	1 669	147	246	1 132	64	560 396.9
河　南	571	53	39	461	3	197 618.9
湖　北	254	25	16	193	3	216 272.0
湖　南	144	35	8	87	2	75 641.3
广　东	478	33	33	321	17	259 924.9
广　西	271	22	13	232	1	108 691.7
海　南	0	0	0	0	0	0.0
重　庆	75	5	0	38	6	14 452.5
四　川	405	35	8	327	5	178 438.0
贵　州	103	5	1	91	0	30 418.5
云　南	291	39	4	244	0	50 314.9
西　藏	0	0	0	0	0	0.0
陕　西	108	15	5	83	4	72 397.3
甘　肃	283	17	8	235	0	47 025.3
青　海	150	4	0	146	0	21 925.0
宁　夏	205	15	12	178	0	32 383.2
新　疆	357	32	6	304	0	22 478.8

11

168 个重点城市废气污染排放及治理统计

168个重点城市工业废气排放及治理情况（一）
（2022）

单位：吨

区 域	城 市	工业废气中污染物排放量			
		二氧化硫	氮氧化物	颗粒物	挥发性有机物
总　计		950 590	1 889 458	1 112 867	1 393 380
京津冀及周边"2+26"城市（28个城市）	北　京	799	9 765	1 622	11 559
	天　津	6 227	21 223	6 070	22 831
	石家庄	6 849	17 162	9 291	7 943
	唐　山	52 482	109 247	53 321	35 575
	邯　郸	27 899	39 780	17 273	10 867
	邢　台	3 276	8 161	4 793	15 205
	保　定	2 641	6 712	4 694	5 973
	沧　州	5 124	12 780	5 936	15 732
	廊　坊	2 656	4 892	2 130	5 572
	衡　水	1 122	1 852	746	1 528
	太　原	8 734	20 311	16 981	9 198
	阳　泉	2 213	4 294	1 541	97
	长　治	8 719	19 198	10 386	9 649
	晋　城	3 771	8 527	3 627	3 520
	济　南	8 838	20 539	9 426	9 892
	淄　博	4 260	12 982	3 183	18 088
	济　宁	5 439	13 001	2 976	8 893
	德　州	3 983	9 084	7 967	14 841
	聊　城	6 632	13 330	3 327	10 722
	滨　州	17 064	22 557	5 898	25 411
	菏　泽	6 926	10 177	2 854	17 218
	郑　州	5 032	11 062	6 356	5 765
	开　封	1 357	2 168	320	476
	安　阳	6 200	12 889	8 857	7 070
	鹤　壁	1 217	2 356	723	736
	新　乡	2 258	5 846	2 615	1 266
	焦　作	4 031	6 795	2 523	1 914
	濮　阳	1 258	2 543	567	2 484
	合　计	207 007	429 233	196 003	280 025
长三角地区（41个城市）	上　海	6 530	21 535	6 521	23 875
	南　京	6 429	15 835	11 569	15 341
	无　锡	5 619	14 161	7 410	12 310
	徐　州	7 471	14 265	6 586	13 864
	常　州	4 751	11 096	14 460	8 134
	苏　州	20 728	38 843	13 273	30 681
	南　通	5 312	8 830	3 297	31 908
	连云港	3 197	5 423	2 437	3 343
	淮　安	2 038	5 368	1 977	5 636
	盐　城	3 748	7 452	2 950	5 367
	扬　州	3 901	11 196	4 900	9 200
	镇　江	4 252	8 415	2 703	6 661
	泰　州	2 082	5 300	1 660	10 185
	宿　迁	1 586	2 712	1 307	8 655

168个重点城市工业废气排放及治理情况（一）（续表）
（2022）

区 域	城 市	工业废气中污染物排放量			
		二氧化硫	氮氧化物	颗粒物	挥发性有机物
长三角地区 （41个城市）	杭 州	3 223	12 339	11 529	18 092
	宁 波	8 016	21 442	11 524	25 969
	温 州	3 337	7 305	1 646	21 473
	绍 兴	4 138	9 277	2 766	8 588
	湖 州	3 768	8 345	7 481	10 845
	嘉 兴	4 510	13 870	6 897	33 654
	金 华	3 122	9 748	5 984	10 083
	衢 州	3 338	10 974	6 427	3 814
	台 州	3 831	7 833	3 789	25 019
	丽 水	765	1 841	1 585	6 739
	舟 山	1 556	7 273	1 661	17 201
	合 肥	3 665	8 169	3 749	8 054
	芜 湖	7 195	17 638	9 407	6 470
	蚌 埠	1 816	4 969	671	554
	淮 南	6 967	9 699	2 716	815
	马鞍山	8 462	16 703	9 637	28 844
	淮 北	5 852	8 268	4 577	3 945
	铜 陵	3 090	8 163	9 133	5 190
	安 庆	3 012	5 769	2 216	6 438
	黄 山	455	448	860	3 955
	阜 阳	6 708	6 671	3 432	3 165
	宿 州	3 552	5 461	2 491	1 681
	滁 州	4 152	9 200	3 842	3 266
	六 安	2 957	5 953	3 571	3 723
	宣 城	2 392	4 658	5 009	1 615
	池 州	6 036	11 980	7 219	6 057
	亳 州	2 257	2 605	2 004	3 235
	合 计	**185 816**	**407 034**	**212 873**	**453 647**
汾渭平原 （11个城市）	吕 梁	19 354	23 127	33 454	18 251
	晋 中	8 471	11 529	10 759	7 688
	临 汾	7 405	11 684	9 893	9 438
	运 城	14 676	24 542	15 981	14 656
	洛 阳	5 648	9 262	4 596	3 335
	三门峡	3 457	4 690	1 271	309
	西 安	1 781	4 155	787	4 216
	咸 阳	1 390	3 419	3 976	2 940
	宝 鸡	1 849	6 140	2 976	2 954
	铜 川	3 414	8 002	4 596	802
	渭 南	2 853	5 458	97 704	4 895
	合 计	**70 297**	**112 007**	**185 992**	**69 482**
成渝地区 （16个城市）	重 庆	36 837	60 859	37 556	41 976
	成 都	2 852	10 430	4 412	19 570
	自 贡	813	1 184	1 413	356
	泸 州	3 598	5 139	3 800	7 993

168个重点城市工业废气排放及治理情况（一）（续表）（2022）

单位：吨

区　域	城　市	工业废气中污染物排放量			
		二氧化硫	氮氧化物	颗粒物	挥发性有机物
成渝地区（16个城市）	德　阳	2 727	4 727	3 953	1 607
	绵　阳	2 230	5 613	3 524	6 444
	遂　宁	1 654	1 654	802	785
	内　江	6 157	14 082	2 301	1 126
	乐　山	13 540	24 449	13 061	30 204
	眉　山	1 512	4 503	2 266	1 359
	宜　宾	5 181	8 108	6 462	1 477
	雅　安	1 559	1 929	1 327	213
	资　阳	331	566	402	375
	南　充	762	1 305	1 281	647
	广　安	1 952	6 166	3 454	1 306
	达　州	7 606	11 885	13 530	2 528
	合　计	**89 311**	**162 600**	**99 544**	**117 965**
长江中游城市群（22个城市）	武　汉	6 576	17 773	5 817	12 178
	咸　宁	2 414	7 082	2 395	824
	孝　感	2 726	4 337	1 714	2 732
	黄　冈	1 591	5 924	2 140	5 723
	黄　石	6 110	16 045	8 412	4 306
	鄂　州	5 969	7 311	4 888	1 078
	襄　阳	2 989	7 498	3 851	2 178
	宜　昌	8 134	12 653	6 817	10 969
	荆　门	4 269	8 401	5 133	2 694
	荆　州	2 785	5 136	1 987	2 760
	随　州	421	713	454	361
	南　昌	3 018	6 579	2 740	2 800
	萍　乡	4 546	10 079	5 273	367
	新　余	10 703	17 213	4 830	2 573
	宜　春	8 748	27 966	6 204	6 913
	九　江	5 444	17 230	8 596	21 190
	长　沙	825	2 338	1 849	5 256
	株　洲	2 609	5 530	2 388	3 868
	湘　潭	5 377	15 589	7 354	4 998
	岳　阳	2 398	5 731	2 487	5 314
	常　德	2 162	4 361	2 541	2 080
	益　阳	1 391	3 999	2 118	582
	合　计	**91 206**	**209 490**	**89 988**	**101 742**
珠三角地区（9个城市）	广　州	1 906	10 900	4 255	23 989
	深　圳	1 829	5 071	927	16 123
	珠　海	2 062	5 249	2 328	14 915
	佛　山	2 811	11 100	3 643	17 331
	江　门	2 229	10 451	3 241	8 288
	肇　庆	1 875	14 461	4 097	6 678
	惠　州	5 305	15 957	3 997	15 648
	东　莞	3 113	9 681	5 800	19 565

168个重点城市工业废气排放及治理情况（一）（续表）
（2022）

单位：吨

区 域	城 市	工业废气中污染物排放量			
		二氧化硫	氮氧化物	颗粒物	挥发性有机物
珠三角地区 （9个城市）	中 山	5 851	7 220	760	11 268
	合 计	**26 983**	**90 089**	**29 047**	**133 806**
其他城市 （41个城市）	秦皇岛	5 236	11 571	9 796	4 884
	张家口	4 277	9 342	2 550	724
	承 德	10 505	15 631	10 740	1 568
	大 同	4 608	9 214	9 225	889
	朔 州	4 491	9 753	20 378	473
	忻 州	8 426	11 016	37 632	2 821
	呼和浩特	10 293	15 623	6 267	9 386
	包 头	25 814	39 124	29 420	2 827
	沈 阳	6 522	14 770	2 744	13 157
	大 连	8 261	20 638	7 270	20 086
	锦 州	3 799	5 212	2 517	2 702
	朝 阳	6 013	13 913	9 202	1 322
	葫芦岛	4 334	7 281	4 280	2 714
	长 春	9 199	20 637	8 070	8 752
	哈尔滨	6 453	15 746	5 820	3 503
	青 岛	2 468	8 074	2 498	12 946
	枣 庄	2 268	7 235	3 343	6 248
	东 营	7 257	15 510	1 986	21 398
	潍 坊	5 796	16 854	5 762	19 802
	泰 安	8 128	11 946	6 598	6 366
	日 照	5 730	17 736	10 121	8 775
	临 沂	10 630	26 021	11 388	15 592
	平顶山	6 083	7 887	11 941	4 205
	许 昌	2 888	5 377	3 550	810
	漯 河	518	961	135	359
	南 阳	2 686	5 223	3 334	888
	商 丘	3 314	4 134	2 150	511
	信 阳	1 618	3 290	1 385	642
	周 口	2 650	2 871	719	396
	驻马店	799	2 212	1 186	1 814
	福 州	11 231	26 378	13 489	14 572
	厦 门	339	2 285	518	5 470
	南 宁	2 308	11 897	4 757	3 580
	海 口	22	212	32	722
	贵 阳	13 065	8 299	5 564	4 044
	昆 明	19 247	21 988	18 781	10 375
	拉 萨	334	1 266	1 297	157
	兰 州	12 381	15 152	5 632	5 706
	西 宁	27 647	11 231	7 663	1 486
	银 川	7 460	13 274	3 442	2 477
	乌鲁木齐	4 875	12 224	6 235	11 561
	合 计	**279 973**	**479 008**	**299 417**	**236 710**

168个重点城市工业废气排放及治理情况（二）
（2022）

区　域	城　市	废气治理设施数/套	脱硫设施	脱硝设施	除尘设施	VOCs治理设施	废气治理设施运行费用/万元
总　计		**313 973**	**20 898**	**18 497**	**139 392**	**97 640**	**16 487 041.7**
京津冀及周边"2+26"城市（28个城市）	北　京	3 262	41	114	1 517	1 229	78 171.9
	天　津	7 864	264	299	3 348	3 270	391 442.6
	石家庄	4 086	172	357	1 831	1 190	192 229.2
	唐　山	6 038	461	652	4 131	462	894 340.2
	邯　郸	1 735	168	192	917	194	302 607.9
	邢　台	2 913	159	213	1 526	779	102 410.6
	保　定	3 677	166	218	1 650	1 290	75 072.7
	沧　州	5 722	157	303	3 131	1 750	189 977.4
	廊　坊	2 957	126	224	1 273	1 036	39 625.0
	衡　水	3 912	64	144	1 796	1 449	33 464.2
	太　原	999	52	86	730	106	221 122.4
	阳　泉	726	145	65	490	15	27 746.8
	长　治	1 158	159	105	787	48	119 991.6
	晋　城	1 178	137	195	711	73	83 462.3
	济　南	4 072	222	604	2 172	863	377 075.1
	淄　博	5 322	380	596	2 770	1 140	188 631.5
	济　宁	2 450	163	201	1 182	691	145 748.9
	德　州	3 197	162	332	1 560	914	162 457.3
	聊　城	3 458	175	480	1 847	763	166 946.0
	滨　州	2 801	313	324	1 282	666	225 941.2
	菏　泽	1 926	287	278	782	449	88 748.8
	郑　州	2 774	259	373	1 382	548	134 917.1
	开　封	519	45	42	218	144	12 193.2
	安　阳	1 681	166	193	1 041	179	192 607.6
	鹤　壁	682	63	75	311	211	40 325.3
	新　乡	1 645	94	139	846	460	52 555.4
	焦　作	1 409	146	143	657	364	90 889.8
	濮　阳	791	51	64	320	297	19 323.1
	合　计	78 954	4 797	7 011	40 208	20 580	4 650 025.1
长三角地区（41个城市）	上　海	11 866	170	341	4 155	5 134	548 175.8
	南　京	1 897	55	76	559	963	293 071.0
	无　锡	6 374	125	119	1 894	2 853	318 496.6
	徐　州	1 664	126	99	888	426	124 611.2
	常　州	2 837	108	72	708	1 225	79 686.9
	苏　州	9 868	175	169	2 867	4 766	568 898.2
	南　通	4 223	141	125	1 682	1 696	130 530.1
	连云港	846	71	39	386	218	77 698.9
	淮　安	887	51	40	336	280	59 948.3
	盐　城	1 263	83	54	507	397	166 959.6
	扬　州	1 868	116	54	658	756	106 487
	镇　江	1 370	96	65	526	517	163 499.3
	泰　州	1 196	63	37	483	443	34 354.5
	宿　迁	794	59	34	287	283	21 904.4

区　域	城　市	废气治理设施数/套	脱硫设施	脱硝设施	除尘设施	VOCs治理设施	废气治理设施运行费用/万元
长三角地区（41个城市）	杭　州	3 616	163	138	1 153	1 498	116 145.0
	宁　波	2 493	171	79	830	895	262 448.3
	温　州	5 161	232	136	1 260	2 510	162 833.8
	绍　兴	3 425	194	74	842	1 468	100 393.1
	湖　州	3 524	163	76	1 497	1 420	75 166.3
	嘉　兴	4 132	133	120	1 443	1 947	161 392.4
	金　华	4 771	128	49	2 303	1 847	191 693.6
	衢　州	1 318	89	50	575	402	121 375.9
	台　州	4 728	94	46	2 177	1 762	129 575.3
	丽　水	1 395	54	22	625	515	23 379.8
	舟　山	200	19	18	84	57	27 792.9
	合　肥	2 476	74	45	993	870	83 905.4
	芜　湖	1 652	69	106	744	593	104 939.9
	蚌　埠	606	68	53	305	147	16 231.5
	淮　南	457	89	38	251	56	140 581.5
	马鞍山	1 633	116	38	1 041	300	315 309.7
	淮　北	1 405	126	81	839	249	77 258.6
	铜　陵	604	57	24	367	101	83 105.0
	安　庆	734	59	32	365	240	19 667.9
	黄　山	505	12	7	283	171	5 466.6
	阜　阳	1 208	150	74	632	296	37 521.1
	宿　州	912	82	71	479	234	33 190.1
	滁　州	1 483	124	82	608	462	36 119.7
	六　安	825	48	28	512	119	60 146.8
	宣　城	1 987	180	68	950	466	34 000.5
	池　州	2 002	127	36	1 443	252	48 690.9
	亳　州	499	73	33	286	80	13 289
	合　计	**100 704**	**4 333**	**2 948**	**38 823**	**38 914**	**5 175 942.6**
汾渭平原（11个城市）	吕　梁	1 709	194	183	1 152	119	140 480.5
	晋　中	1 526	152	119	1 016	191	97 409.2
	临　汾	1 467	125	92	1 175	54	99 017.1
	运　城	2 335	283	186	1 516	237	129 930.2
	洛　阳	1 360	128	114	815	224	121 914.0
	三门峡	477	74	70	277	37	37 223.0
	西　安	1 475	45	108	472	580	63 921.6
	咸　阳	694	37	62	302	215	32 924.8
	宝　鸡	800	88	63	459	104	52 683.2
	铜　川	308	28	10	213	22	14 036.5
	渭　南	771	105	69	379	156	43 651.2
	合　计	**12 922**	**1 259**	**1 076**	**7 776**	**1 939**	**833 191.1**
成渝地区（16个城市）	重　庆	5 217	543	199	2 473	1 161	284 880.3
	成　都	6 725	157	381	2 840	2 713	136 437.0
	自　贡	511	54	11	225	156	5 832.1
	泸　州	865	119	44	432	231	25 718.4

168个重点城市工业废气排放及治理情况（二）（续表）（2022）

区　域	城　市	废气治理设施数/套	脱硫设施	脱硝设施	除尘设施	VOCs治理设施	废气治理设施运行费用/万元
成渝地区（16个城市）	德　阳	809	117	30	422	166	27 075.7
	绵　阳	883	109	28	451	202	17 188.7
	遂　宁	393	65	11	148	96	12 816.1
	内　江	379	92	23	199	37	49 552.5
	乐　山	693	132	74	334	84	36 810.0
	眉　山	920	133	42	425	236	16 761.4
	宜　宾	559	112	28	294	99	37 341.0
	雅　安	359	62	9	223	27	9 809.7
	资　阳	281	63	4	113	70	2 145.3
	南　充	641	126	11	379	100	5 735.1
	广　安	291	69	20	127	63	24 042.6
	达　州	393	123	20	182	29	43 063.0
	合　计	**19 919**	**2 076**	**935**	**9 273**	**5 472**	**735 208.9**
长江中游城市群（22个城市）	武　汉	2 305	73	71	1 007	715	201 159.7
	咸　宁	522	33	22	324	119	24 969.6
	孝　感	472	59	29	196	121	43 156.1
	黄　冈	856	49	28	525	209	13 349.9
	黄　石	1 146	110	39	670	178	116 903
	鄂　州	473	18	16	349	68	87 840.7
	襄　阳	1 469	90	50	884	337	29 574.2
	宜　昌	721	93	35	402	128	51 522.0
	荆　门	600	100	48	223	191	64 660.1
	荆　州	872	81	60	470	200	39 141.2
	随　州	257	15	6	148	78	5 203.4
	南　昌	1 172	40	8	678	331	52 385.4
	萍　乡	481	69	19	319	41	45 064.6
	新　余	611	67	14	404	66	94 142.8
	宜　春	1 654	311	100	859	263	67 390.2
	九　江	1 506	178	46	732	385	104 415.7
	长　沙	1 440	79	50	504	560	27 101.1
	株　洲	814	106	21	414	220	32 300.4
	湘　潭	618	64	27	314	182	52 999.5
	岳　阳	794	129	43	364	210	57 906.4
	常　德	628	109	63	322	114	25 631.6
	益　阳	402	57	10	209	88	17 950.2
	合　计	**19 813**	**1 930**	**805**	**10 317**	**4 804**	**1 254 767.7**
珠三角地区（9个城市）	广　州	5 421	113	99	1 899	2 682	149 559.5
	深　圳	5 422	225	56	459	2 096	105 105.8
	珠　海	2 990	75	38	1 061	1 254	83 202.9
	佛　山	3 287	138	76	905	1 493	109 407.7
	江　门	2 092	104	54	735	809	40 349.2
	肇　庆	1 531	125	71	568	481	39 378.3
	惠　州	2 989	153	86	972	1 130	73 910.6
	东　莞	8 733	293	92	2 029	5 059	132 086.9

168个重点城市工业废气排放及治理情况（二）（续表）
（2022）

区　域	城　市	废气治理设施数/套	脱硫设施	脱硝设施	除尘设施	VOCs治理设施	废气治理设施运行费用/万元
珠三角地区（9个城市）	中　山	2 687	65	35	693	1 523	22 168.3
	合　计	**35 152**	**1 291**	**607**	**9 321**	**16 527**	**755 169.2**
其他城市（41个城市）	秦皇岛	1 310	114	106	760	222	143 747.6
	张家口	841	151	113	426	92	65 634.4
	承　德	845	99	75	601	31	74 186.6
	大　同	1 442	166	122	1 071	60	50 716.8
	朔　州	543	140	55	318	17	74 762.1
	忻　州	923	105	436	355	13	38 227.3
	呼和浩特	672	155	121	342	27	94 119.5
	包　头	847	83	46	632	22	198 103.0
	沈　阳	2 269	339	328	988	456	75 037.8
	大　连	2 037	325	248	918	419	119 425.3
	锦　州	663	95	49	446	50	26 040
	朝　阳	915	133	33	674	62	69 646.3
	葫芦岛	437	120	46	230	27	16 974.7
	长　春	1 587	257	93	902	257	56 775.3
	哈尔滨	989	182	214	500	67	54 320.9
	青　岛	3 177	165	257	1 346	1 141	168 495.9
	枣　庄	1 232	114	109	634	325	81 540.9
	东　营	1 242	151	139	441	445	157 809.5
	潍　坊	5 191	358	784	2 221	1 453	280 913.3
	泰　安	1 460	148	135	741	298	132 330.8
	日　照	1 078	82	111	586	186	154 576
	临　沂	4 160	358	425	2 086	1 061	161 617.7
	平顶山	655	88	42	388	107	57 711.0
	许　昌	747	82	47	350	222	31 205.3
	漯　河	159	28	8	61	45	6 023.6
	南　阳	678	80	61	394	93	37 964.1
	商　丘	740	101	138	327	150	46 021.4
	信　阳	484	60	30	258	89	14 834.8
	周　口	402	79	46	133	111	17 842.8
	驻马店	496	76	36	238	120	15 022.3
	福　州	1 790	167	103	948	487	124 644.2
	厦　门	1 536	43	47	545	615	50 974.9
	南　宁	424	62	22	213	66	23 786.9
	海　口	117	0	1	60	39	741.1
	贵　阳	476	53	20	188	133	24 987.3
	昆　明	1 401	207	50	878	157	90 460.3
	拉　萨	64	8	8	40	0	1 619.9
	兰　州	917	101	262	471	55	43 170.7
	西　宁	560	37	20	362	79	52 288.1
	银　川	586	53	75	388	51	101 169.9
	乌鲁木齐	417	47	54	214	54	47 267.1
	合　计	**46 509**	**5 212**	**5 115**	**23 674**	**9 404**	**3 082 737.4**

168个重点城市生活废气排放情况
（2022）

单位：吨

区 域	城 市	生活废气中污染物排放量			
		二氧化硫	氮氧化物	颗粒物	挥发性有机物
总　计		287 397	209 505	857 350	1 208 564
京津冀及周边"2+26"城市（28个城市）	北　京	278	8 600	2 146	26 208
	天　津	209	3 026	2 338	16 275
	石家庄	2 284	3 507	11 619	13 745
	唐　山	1 495	2 461	7 620	9 894
	邯　郸	4 301	3 864	21 637	12 933
	邢　台	822	1 364	4 194	8 012
	保　定	1 917	3 807	9 832	13 074
	沧　州	383	1 494	2 030	8 357
	廊　坊	140	1 037	784	6 213
	衡　水	817	1 414	4 170	5 085
	太　原	151	1 695	526	6 540
	阳　泉	1 685	615	4 225	2 038
	长　治	7 560	2 518	18 940	6 163
	晋　城	2 739	1 513	6 917	3 492
	济　南	3 807	2 473	10 274	12 514
	淄　博	4 100	1 803	10 987	6 958
	济　宁	4 838	1 468	12 905	10 634
	德　州	2 250	1 153	6 045	6 939
	聊　城	1 725	1 403	4 682	7 020
	滨　州	1 500	835	4 036	4 989
	菏　泽	1 305	627	3 502	9 535
	郑　州	72	1 878	301	15 314
	开　封	...	354	32	4 753
	安　阳	43	382	112	5 534
	鹤　壁	...	143	13	1 664
	新　乡	639	293	1 177	6 597
	焦　作	92	248	187	3 651
	濮　阳	40	210	92	3 976
	合　计	45 192	50 185	151 323	238 107
长三角地区（41个城市）	上　海	163	4 585	1 057	27 244
	南　京	1	1 337	123	11 530
	无　锡	1	1 176	108	9 146
	徐　州	4	175	32	10 042
	常　州	65	263	282	6 512
	苏　州	...	807	74	16 393
	南　通	...	379	36	9 142
	连云港	875	942	3 551	5 617
	淮　安	...	655	60	5 005
	盐　城	513	483	2 077	7 694
	扬　州	509	334	2 046	5 442
	镇　江	676	493	2 723	4 092
	泰　州	504	546	2 045	5 400
	宿　迁	155	211	632	5 545

168个重点城市生活废气排放情况（续表）（2022）

单位：吨

区　域	城　市	生活废气中污染物排放量			
		二氧化硫	氮氧化物	颗粒物	挥发性有机物
长三角地区 （41个城市）	杭　州	80	387	262	15 034
	宁　波	175	403	532	12 141
	温　州	88	212	268	11 573
	绍　兴	165	191	483	6 650
	湖　州	18	99	59	4 171
	嘉　兴	84	182	254	6 895
	金　华	79	495	269	8 924
	衢　州	46	475	172	2 746
	台　州	28	75	87	8 070
	丽　水	32	36	93	2 821
	舟　山	...	110	10	1 317
	合　肥	1 104	2 937	11 187	12 456
	芜　湖	91	796	974	4 057
	蚌　埠	102	1 504	1 146	3 579
	淮　南	26	392	296	3 062
	马鞍山	33	287	348	2 299
	淮　北	112	182	1 128	2 191
	铜　陵	220	309	2 204	1 668
	安　庆	74	227	753	4 305
	黄　山	101	144	1 011	1 514
	阜　阳	30	320	328	7 970
	宿　州	11	690	173	5 260
	滁　州	61	606	653	4 158
	六　安	398	722	4 005	4 960
	宣　城	27	51	267	2 663
	池　州	23	84	236	1 387
	亳　州	18	191	200	4 897
	合　计	**6 694**	**24 494**	**42 244**	**275 571**
汾渭平原 （11个城市）	吕　梁	4 678	1 719	11 735	5 189
	晋　中	3 410	1 136	8 544	4 874
	临　汾	2 622	1 185	6 597	5 110
	运　城	4 329	1 789	10 876	6 623
	洛　阳	1 397	465	2 557	7 732
	三门峡	128	68	237	2 217
	西　安	3 272	5 879	9 787	17 508
	咸　阳	1 145	666	3 299	4 855
	宝　鸡	2 226	731	6 362	4 447
	铜　川	875	466	2 518	1 144
	渭　南	854	983	2 504	5 313
	合　计	**24 936**	**15 088**	**65 015**	**65 010**
成渝地区 （16个城市）	重　庆	9 077	7 226	11 231	36 943
	成　都	1 437	7 056	2 831	25 752
	自　贡	3	424	43	2 625
	泸　州	2 158	566	3 338	4 975

168个重点城市生活废气排放情况（续表）
（2022）

单位：吨

区　　域	城　　市	生活废气中污染物排放量			
		二氧化硫	氮氧化物	颗粒物	挥发性有机物
成渝地区 （16个城市）	德　阳	440	828	746	3 939
	绵　阳	71	1 240	222	5 470
	遂　宁	718	562	1 145	3 108
	内　江	3 809	948	5 888	4 096
	乐　山	131	1 350	322	3 531
	眉　山	2 405	1 453	3 796	3 805
	宜　宾	72	715	175	4 891
	雅　安	471	139	730	1 651
	资　阳	3 049	743	4 711	3 066
	南　充	4 198	1 521	6 532	6 824
	广　安	1 654	663	2 579	3 739
	达　州	471	561	769	5 576
	合　　计	**30 166**	**25 995**	**45 058**	**119 990**
长江中游 城市群 （22个城市）	武　汉	9 555	4 240	19 305	19 424
	咸　宁	1 359	446	2 730	3 156
	孝　感	7 945	1 866	15 900	6 668
	黄　冈	2 027	572	4 065	6 549
	黄　石	1 500	406	3 007	3 029
	鄂　州	455	156	915	1 229
	襄　阳	930	540	1 891	6 000
	宜　昌	1 775	632	3 572	4 926
	荆　门	120	209	257	2 825
	荆　州	2 600	746	5 216	6 163
	随　州	5 484	1 324	10 978	3 764
	南　昌	6 735	2 031	13 519	9 432
	萍　乡	4 394	1 267	8 816	3 297
	新　余	165	131	338	1 378
	宜　春	64	164	142	5 384
	九　江	216	286	454	5 008
	长　沙	1 397	989	3 548	13 063
	株　洲	1 902	917	4 791	4 991
	湘　潭	3 444	1 171	8 631	4 250
	岳　阳	3 963	1 433	9 939	6 925
	常　德	3 196	1 230	8 022	6 789
	益　阳	2 468	791	6 181	4 980
	合　　计	**61 694**	**21 548**	**132 216**	**129 229**
珠三角地区 （9个城市）	广　州	501	1 507	1 555	17 627
	深　圳	...	1 003	92	16 942
	珠　海	...	300	28	2 751
	佛　山	289	1 079	915	10 730
	江　门	50	61	147	4 811
	肇　庆	172	120	496	3 987
	惠　州	68	440	233	6 360
	东　莞	4 345	1 821	12 455	13 643

111

168个重点城市生活废气排放情况（续表）
（2022）

单位：吨

区 域	城 市	生活废气中污染物排放量			
		二氧化硫	氮氧化物	颗粒物	挥发性有机物
珠三角地区 （9个城市）	中 山	...	312	29	4 844
	合 计	**5 426**	**6 643**	**15 949**	**81 696**
其他城市 （41个城市）	秦皇岛	1 756	1 282	8 807	4 748
	张家口	1 549	1 165	7 775	5 562
	承 德	6 169	3 437	30 851	8 067
	大 同	3 260	1 106	8 168	4 560
	朔 州	1 242	512	3 121	2 144
	忻 州	5 950	1 705	14 880	4 896
	呼和浩特	962	883	4 842	5 010
	包 头	3 606	3 498	18 166	5 884
	沈 阳	2 680	1 631	6 782	12 163
	大 连	1 244	873	3 158	9 323
	锦 州	3 200	1 667	8 072	4 224
	朝 阳	6 096	1 700	15 242	5 375
	葫芦岛	4 544	1 387	11 373	4 720
	长 春	10 402	5 699	41 709	16 313
	哈尔滨	30 110	17 080	150 599	33 841
	青 岛	3 212	1 983	8 658	13 294
	枣 庄	1 500	510	4 006	4 845
	东 营	270	439	753	2 794
	潍 坊	3 604	2 234	9 718	12 187
	泰 安	1 699	1 026	4 578	6 405
	日 照	1 725	860	4 632	4 020
	临 沂	1 725	1 417	4 683	12 898
	平顶山	1 224	585	2 257	5 402
	许 昌	627	351	1 160	4 614
	漯 河	165	197	315	2 500
	南 阳	495	220	911	9 713
	商 丘	173	240	333	7 861
	信 阳	402	532	771	6 240
	周 口	226	465	448	8 585
	驻马店	72	328	159	6 841
	福 州	718	495	1 467	8 116
	厦 门	281	556	606	5 705
	南 宁	1 107	611	2 247	9 513
	海 口	...	357	33	3 198
	贵 阳	2 178	645	2 455	7 079
	昆 明	7 404	2 165	12 414	11 937
	拉 萨	124	84	196	1 057
	兰 州	816	1 380	3 355	4 975
	西 宁	231	1 164	2 386	3 235
	银 川	232	1 145	1 253	3 607
	乌鲁木齐	308	1 939	2 202	5 512
	合 计	**113 288**	**65 553**	**405 541**	**298 963**

168个重点城市移动源废气排放情况
（2022）

单位：吨

区 域	城 市	移动源废气中污染物排放量		
		氮氧化物	颗粒物	挥发性有机物
总　计		3 853 745	35 021	1 339 394
京津冀及周边"2+26"城市（28个城市）	北　京	55 803	355	32 598
	天　津	64 040	618	22 903
	石家庄	83 809	506	18 005
	唐　山	69 501	425	15 050
	邯　郸	54 796	365	11 487
	邢　台	44 151	304	9 140
	保　定	59 550	466	16 332
	沧　州	74 700	500	11 989
	廊　坊	15 171	222	8 738
	衡　水	23 342	223	5 515
	太　原	17 323	200	12 147
	阳　泉	7 210	58	1 876
	长　治	8 496	87	4 340
	晋　城	8 039	80	3 528
	济　南	25 553	251	18 118
	淄　博	21 792	236	8 837
	济　宁	77 928	755	12 513
	德　州	18 437	180	8 222
	聊　城	31 618	168	7 473
	滨　州	24 613	204	6 718
	菏　泽	27 257	250	8 638
	郑　州	48 395	622	31 860
	开　封	5 013	66	4 045
	安　阳	26 535	315	7 649
	鹤　壁	9 699	55	1 966
	新　乡	17 899	118	7 202
	焦　作	28 367	154	4 038
	濮　阳	24 575	181	4 997
	合　计	973 612	7 964	305 924
长三角地区（41个城市）	上　海	98 988	710	20 304
	南　京	38 254	282	13 448
	无　锡	27 098	206	11 095
	徐　州	37 139	357	9 855
	常　州	15 454	118	7 459
	苏　州	42 114	351	21 161
	南　通	19 014	170	9 896
	连云港	24 348	192	4 485
	淮　安	13 193	111	3 839
	盐　城	23 204	214	6 198
	扬　州	12 218	120	5 168
	镇　江	7 609	61	3 511
	泰　州	11 710	97	4 850
	宿　迁	19 180	220	5 282

168个重点城市移动源废气排放情况（续表）（2022）

单位：吨

区 域	城 市	移动源废气中污染物排放量		
		氮氧化物	颗粒物	挥发性有机物
长三角地区 （41个城市）	杭 州	65 367	482	18 562
	宁 波	53 756	435	16 118
	温 州	19 368	182	14 583
	绍 兴	15 839	148	8 702
	湖 州	11 025	103	5 173
	嘉 兴	17 674	159	9 083
	金 华	18 472	287	13 615
	衢 州	12 725	106	3 093
	台 州	16 883	203	10 870
	丽 水	6 124	66	3 304
	舟 山	5 838	46	1 244
	合 肥	21 365	208	11 314
	芜 湖	8 891	72	3 256
	蚌 埠	16 911	139	2 829
	淮 南	8 200	70	2 308
	马鞍山	5 760	46	2 054
	淮 北	9 440	70	1 932
	铜 陵	3 522	34	1 237
	安 庆	7 233	73	3 671
	黄 山	4 493	29	1 509
	阜 阳	28 988	261	5 782
	宿 州	23 567	180	3 846
	滁 州	18 471	143	3 226
	六 安	18 389	146	3 621
	宣 城	11 093	94	2 795
	池 州	3 963	30	1 143
	亳 州	32 877	251	3 938
	合 计	855 754	7 271	285 360
汾渭平原 （11个城市）	吕 梁	14 667	78	4 219
	晋 中	36 729	386	5 415
	临 汾	29 402	249	6 644
	运 城	31 079	245	6 875
	洛 阳	16 733	142	8 771
	三门峡	23 654	126	4 875
	西 安	33 704	229	22 966
	咸 阳	9 959	37	3 350
	宝 鸡	7 250	42	2 795
	铜 川	2 421	13	761
	渭 南	11 347	68	3 890
	合 计	216 944	1 615	70 559
成渝地区 （16个城市）	重 庆	84 722	753	32 288
	成 都	54 641	428	27 944
	自 贡	3 406	28	2 002
	泸 州	5 852	63	3 200

168个重点城市移动源废气排放情况（续表）
（2022）

区 域	城 市	移动源废气中污染物排放量		
		氮氧化物	颗粒物	挥发性有机物
成渝地区 （16个城市）	德 阳	6 027	63	3 395
	绵 阳	7 884	79	4 911
	遂 宁	4 119	37	2 072
	内 江	4 832	38	2 194
	乐 山	7 106	59	3 111
	眉 山	4 607	50	2 832
	宜 宾	5 337	47	3 565
	雅 安	3 447	34	1 448
	资 阳	2 338	24	1 562
	南 充	9 801	98	4 306
	广 安	2 832	27	1 928
	达 州	5 704	61	2 824
	合 计	**212 653**	**1 890**	**99 582**
长江中游 城市群 （22个城市）	武 汉	49 615	463	18 303
	咸 宁	7 805	79	1 867
	孝 感	5 248	48	2 140
	黄 冈	8 858	131	3 852
	黄 石	4 600	43	1 666
	鄂 州	1 151	11	581
	襄 阳	23 417	239	4 942
	宜 昌	14 501	158	4 686
	荆 门	19 049	137	2 619
	荆 州	10 400	106	3 609
	随 州	18 889	129	1 699
	南 昌	12 977	136	6 400
	萍 乡	3 592	38	1 943
	新 余	5 518	51	1 402
	宜 春	56 048	376	5 216
	九 江	8 569	114	4 337
	长 沙	20 689	224	14 664
	株 洲	5 548	61	3 545
	湘 潭	4 106	41	2 513
	岳 阳	9 754	116	4 349
	常 德	10 614	124	4 460
	益 阳	9 301	105	3 473
	合 计	**310 247**	**2 930**	**98 266**
珠三角地区 （9个城市）	广 州	71 324	744	15 607
	深 圳	73 978	584	15 987
	珠 海	11 412	112	4 084
	佛 山	31 822	361	16 466
	江 门	14 266	142	7 481
	肇 庆	11 508	116	5 115
	惠 州	16 790	141	7 798
	东 莞	38 461	344	18 910

168个重点城市移动源废气排放情况（续表）
（2022）

单位：吨

区 域	城 市	移动源废气中污染物排放量		
		氮氧化物	颗粒物	挥发性有机物
珠三角地区 （9个城市）	中 山	9 879	132	7 761
	合 计	**279 440**	**2 676**	**99 210**
其他城市 （41个城市）	秦皇岛	13 876	122	5 317
	张家口	29 964	214	7 199
	承 德	17 294	153	4 656
	大 同	32 956	262	6 527
	朔 州	8 565	65	1 897
	忻 州	24 016	217	3 347
	呼和浩特	29 182	255	11 141
	包 头	16 509	103	6 490
	沈 阳	37 584	470	21 732
	大 连	49 535	780	16 020
	锦 州	34 530	605	7 899
	朝 阳	17 690	367	7 675
	葫芦岛	20 787	297	6 704
	长 春	32 422	444	22 466
	哈尔滨	36 309	410	20 020
	青 岛	57 723	550	19 185
	枣 庄	18 727	120	6 144
	东 营	16 787	135	5 144
	潍 坊	57 311	442	19 301
	泰 安	22 745	302	8 679
	日 照	18 059	152	5 847
	临 沂	70 011	663	18 611
	平顶山	15 830	353	6 554
	许 昌	13 266	177	5 027
	漯 河	8 467	59	2 472
	南 阳	19 140	241	9 148
	商 丘	12 972	249	7 890
	信 阳	11 894	285	8 199
	周 口	33 517	267	6 201
	驻马店	19 087	164	6 783
	福 州	19 520	180	8 390
	厦 门	16 073	134	7 777
	南 宁	21 089	259	13 557
	海 口	7 620	140	4 488
	贵 阳	23 440	224	8 089
	昆 明	29 850	238	15 885
	拉 萨	11 126	72	2 988
	兰 州	18 640	132	7 657
	西 宁	16 158	86	7 429
	银 川	28 280	154	8 679
	乌鲁木齐	16 546	134	11 274
	合 计	**1 005 097**	**10 676**	**380 488**

12

重点流域工业废水污染排放及治理统计

重点流域工业重点调查单位废水排放及治理情况（一）
（2022）

单位：吨

流 域	地 区	工业废水中污染物排放量			
		化学需氧量	氨氮	总氮	总磷
总 计		127 022.7	5 410.0	30 010.3	884.1
辽河	内蒙古	1 137.3	41.5	209.7	7.5
	辽 宁	5 506.0	172.6	1 227.9	68.5
	吉 林	169.5	6.3	57.8	1.2
	合 计	6 812.8	220.4	1 495.5	77.3
海河	北 京	867.5	13.2	412.1	5.7
	天 津	1 418.1	26.9	510.7	10.9
	河 北	4 604.3	186.0	1 008.7	29.0
	山 西	637.0	33.8	102.0	3.0
	内蒙古	131.8	0.9	2.3	...
	山 东	12 398.0	318.0	3 882.6	71.4
	河 南	2 479.3	130.4	733.4	17.9
	合 计	22 535.8	709.3	6 651.9	138.0
淮河	江 苏	16 668.2	620.6	2 457.4	97.6
	安 徽	2 959.6	232.3	721.1	18.3
	山 东	6 955.8	283.2	1 998.7	66.9
	河 南	3 544.9	151.9	994.5	23.2
	合 计	30 128.5	1 288.0	6 171.7	206.1
松花江	内蒙古	368.1	10.0	84.3	3.6
	吉 林	2 474.4	92.2	703.5	23.3
	黑龙江	4 632.3	395.5	1 432.8	31.6
	合 计	7 474.7	497.7	2 220.5	58.5
长江中下游	上 海	6 241.9	154.1	1 949.5	26.0
	江 苏	3 784.8	83.0	995.6	24.4
	安 徽	3 974.7	113.9	859.8	55.1
	江 西	13 467.4	808.1	2 242.2	93.2
	河 南	474.9	17.4	84.3	3.2
	湖 北	8 484.8	479.2	2 047.6	48.6
	湖 南	10 027.3	406.4	1 809.1	73.9
	广 西	85.8	3.1	14.5	1.5
	合 计	46 541.5	2 065.2	10 002.6	325.9
黄河中上游	山 西	1 734.2	57.6	459.6	12.9
	内蒙古	1 791.4	149.5	799.5	9.4
	河 南	2 106.7	90.5	520.9	11.4
	陕 西	4 500.5	197.7	826.7	24.3
	甘 肃	1 409.7	73.3	456.9	9.1
	青 海	133.0	11.4	23.0	0.5
	宁 夏	1 853.7	49.3	381.4	10.8
	合 计	13 529.2	629.3	3 468.1	78.3

重点流域工业重点调查单位废水排放及治理情况（二）
（2022）

流 域	地 区	废水治理设施数量/ 套	废水治理设施治理能力/ （万吨/日）	废水治理设施运行费用/ 万元
总 计		27 913	7 998.6	3 086 996.8
辽河	内蒙古	264	47.6	27 023.0
	辽 宁	1 070	744.4	205 140.8
	吉 林	54	13.5	2 246.2
	合 计	1 388	805.5	234 410.0
海河	北 京	380	32.9	16 661.4
	天 津	822	65.1	63 238.3
	河 北	2 490	973.5	223 442.3
	山 西	280	75.0	15 399.8
	内蒙古	29	2.9	2 710.7
	山 东	1 888	407.9	312 699.8
	河 南	554	244.9	76 376.2
	合 计	6 443	1 802.4	710 528.5
淮河	江 苏	1 794	249.1	146 508.3
	安 徽	1 123	224.5	86 329.7
	山 东	1 224	272.4	123 646.8
	河 南	840	242.3	50 941.9
	合 计	4 981	988.2	407 426.7
松花江	内蒙古	112	21.9	11 226.3
	吉 林	266	74.9	26 520.1
	黑龙江	706	532.8	130 225.3
	合 计	1 084	629.6	167 971.7
长江 中下游	上 海	1 728	154.6	153 952.5
	江 苏	918	199.8	94 030.4
	安 徽	1 012	470.6	124 736.0
	江 西	2 686	651.8	223 568.8
	河 南	92	18.9	10 275.7
	湖 北	1 808	602.5	171 473.5
	湖 南	1 974	394.8	126 338.1
	广 西	19	1.1	109.3
	合 计	10 237	2 494.2	904 484.3
黄河 中上游	山 西	1 065	356.8	97 230.9
	内蒙古	641	333.4	286 860.2
	河 南	561	240.9	56 397.8
	陕 西	788	205.4	136 490.7
	甘 肃	386	65.5	32 891.2
	青 海	48	7.3	4 740.1
	宁 夏	291	69.5	47 564.7
	合 计	3 780	1 278.8	662 175.6

重点流域工业重点调查单位污染防治投资情况
（2022）

流域	地区	工业废水治理施工项目数量/个	工业废水治理竣工项目数量/个	工业废水治理施工项目本年完成投资/万元
总　计		137	99	136 368.9
辽河	内蒙古	2	0	1 000.0
	辽　宁	3	3	304.2
	吉　林	0	0	0.0
	合　计	5	3	1 304.2
海河	北　京	1	1	200.0
	天　津	4	2	883.0
	河　北	9	8	5 686.2
	山　西	0	0	0.0
	内蒙古	0	0	0.0
	山　东	8	5	4 573.6
	河　南	1	1	70.0
	合　计	23	17	11 412.8
淮河	江　苏	3	2	89.7
	安　徽	2	2	1 693.0
	山　东	9	6	45 735.0
	河　南	0	0	0.0
	合　计	14	10	47 517.7
松花江	内蒙古	0	0	0.0
	吉　林	0	0	0.0
	黑龙江	3	1	111.7
	合　计	3	1	111.7
长江中下游	上　海	14	12	3 292.5
	江　苏	7	6	1 561.5
	安　徽	2	2	2 569.1
	江　西	9	7	3 875.6
	河　南	0	0	0.0
	湖　北	17	11	23 674.8
	湖　南	5	3	515.0
	广　西	0	0	0.0
	合　计	54	41	35 488.5
黄河中上游	山　西	12	8	2 542.6
	内蒙古	7	3	24 605.3
	河　南	12	11	6 485.2
	陕　西	3	2	4 811.0
	甘　肃	?	1	1 191.0
	青　海	0	0	0.0
	宁　夏	2	2	899.0
	合　计	38	27	40 534.0

重点湖泊水库工业重点调查单位废水排放及治理情况（一）

（2022）

单位：吨

湖泊水库	地 区	工业废水中污染物排放量			
		化学需氧量	氨氮	总氮	总磷
总 计		47 454.7	1 946.3	9 569.6	289.2
滇 池	云 南	58.5	2.8	9.7	0.7
	合 计	58.5	2.8	9.7	0.7
巢 湖	安 徽	533.9	13.4	176.4	3.9
	合 计	533.9	13.4	176.4	3.9
洞庭湖	江 西	118.3	3.1	15.3	0.8
	湖 北	168.8	7.1	35.0	0.3
	湖 南	10 027.3	406.4	1 809.1	73.9
	广 西	85.8	3.1	14.5	1.5
	合 计	10 400.2	419.7	1 873.8	76.5
鄱阳湖	安 徽	8.4	0.4	3.8	0.1
	江 西	13 002.8	785.6	2 134.4	90.0
	合 计	13 011.2	786.1	2 138.1	90.1
太 湖	上 海	245.0	2.7	66.4	0.7
	江 苏	16 436.5	631.9	3 235.2	79.4
	浙 江	6 135.2	67.5	1 951.5	32.7
	合 计	22 816.7	702.1	5 253.1	112.8
丹江口	河 南	319.2	8.2	60.0	2.3
	湖 北	69.1	4.0	24.4	0.9
	陕 西	245.8	10.0	33.9	2.0
	合 计	634.1	22.2	118.3	5.2

重点湖泊水库工业重点调查单位废水排放及治理情况（二）

（2022）

湖泊水库	地区	废水治理设施数量/套	废水治理设施治理能力/（万吨/日）	废水治理设施运行费用/万元
总 计		10 829	1 807.1	908 715.0
滇 池	云 南	59	6.9	9 447.7
	合 计	59	6.9	9 447.7
巢 湖	安 徽	333	18.4	7 974.5
	合 计	333	18.4	7 974.5
洞庭湖	江 西	62	74.8	8 098.4
	湖 北	16	3.2	606.0
	湖 南	1 974	394.8	126 338.1
	广 西	19	1.1	109.3
	合 计	2 071	474.0	135 151.8
鄱阳湖	安 徽	18	0.2	88.3
	江 西	2 601	571.9	207 838.4
	合 计	2 619	572.1	207 926.7
太 湖	上 海	179	5.9	2 742.3
	江 苏	3 334	444.5	362 085.5
	浙 江	1 953	256.4	170 067.5
	合 计	5 466	706.8	534 895.3
丹江口	河 南	34	5.2	2 742.8
	湖 北	130	5.9	2 530.9
	陕 西	117	17.8	8 045.3
	合 计	281	28.9	13 319.0

13

各地区生态环境管理统计

各地区生态环境信访情况

（2022）

单位：件

地　区	微信举报数	网络举报数	来信、来访已办结数
总　计	226 417	27 821	59 084
国家级	3	1	4 252
北　京	6 143	446	1 379
天　津	2 438	315	217
河　北	9 471	2 073	734
山　西	4 828	610	736
内蒙古	2 078	359	1 958
辽　宁	5 883	956	1 662
吉　林	2 640	289	347
黑龙江	2 919	404	1 078
上　海	5 405	413	918
江　苏	13 071	2 828	1 525
浙　江	10 986	989	645
安　徽	6 378	1 242	547
福　建	6 681	1 057	1 186
江　西	5 515	700	782
山　东	12 271	3 782	1 361
河　南	11 387	1 435	3 426
湖　北	7 684	893	1 949
湖　南	6 998	723	5 463
广　东	56 509	3 368	5 516
广　西	9 132	512	7 249
海　南	1 447	211	615
重　庆	5 785	379	2 751
四　川	8 385	1 482	507
贵　州	3 457	244	626
云　南	5 599	473	5 031
西　藏	0	9	85
陕　西	7 779	1 064	1 094
甘　肃	2 343	250	3 125
青　海	429	43	133
宁　夏	771	129	733
新　疆	2 002	142	1 454

注：表中数据"来信来访"来源于生态环境管理统计业务系统，"微信、网络举报"来源于全国信访投诉举报管理系统数据。

各地区承办的人大建议和政协提案情况
（2022）

地区名称	承办的人大建议数	承办的政协提案数
总　计	**6 130**	**6 364**
国家级	818	476
北　京	48	119
天　津	62	75
河　北	186	212
山　西	180	194
内蒙古	92	124
辽　宁	30	48
吉　林	1	2
黑龙江	44	57
上　海	83	146
江　苏	47	72
浙　江	185	222
安　徽	250	216
福　建	315	334
江　西	182	195
山　东	248	308
河　南	315	369
湖　北	423	491
湖　南	280	215
广　东	522	706
广　西	297	192
海　南	1	0
重　庆	114	150
四　川	311	381
贵　州	246	221
云　南	492	456
西　藏	64	69
陕　西	136	104
甘　肃	67	84
青　海	35	25
宁　夏	22	51
新　疆	34	50

注：表中数据来源于生态环境管理统计业务系统。

各地区环境服务业企业财务情况

（2022）

单位：万元

地区名称	资产总计	营业收入	营业成本	营业利润	应交增值税
总　计	**266 851 942.9**	**101 963 054.2**	**82 766 579.3**	**7 067 098.3**	**1 918 068.3**
北　京	33 550 370.8	6 310 959.7	4 539 786.3	866 228.5	104 383.7
天　津	3 209 479.9	759 325.2	536 869.3	89 731.9	7 987.2
河　北	2 918 445.5	1 183 090.1	917 601.9	46 868.3	25 730.2
山　西	827 906.9	224 701.8	158 172.5	15 856.0	14 959.7
内蒙古	2 787 963.3	705 729.2	506 809.2	60 151.0	13 663.3
辽　宁	6 831 644.3	2 715 434.6	2 143 222.7	143 720.8	51 560.4
吉　林	3 803 965.5	1 550 353.1	1 292 954.0	36 089.7	44 500.2
黑龙江	1 539 503.1	387 731.2	301 467.8	1 984.3	10 831.9
上　海	4 223 591.0	2 158 922.2	1 851 566.3	117 951.3	32 232.9
江　苏	14 158 607.9	5 490 065.0	4 339 073.0	346 353.8	118 778.7
浙　江	24 458 631.5	16 236 544.6	13 969 870.7	659 003.8	310 759.3
安　徽	2 661 252.8	946 811.4	786 471.8	49 976.0	33 199.8
福　建	3 817 304.0	1 716 575.3	1 310 731.4	135 080.0	41 963.3
江　西	6 260 303.0	4 004 396.8	3 384 578.1	272 606.4	97 302.2
山　东	18 628 300.7	5 829 437.7	4 332 501.1	581 410.4	114 071.7
河　南	2 805 552.3	1 257 289.8	938 850.5	52 264.2	32 540.4
湖　北	31 541 782.0	6 801 024.3	5 665 179.4	442 207.1	138 916.0
湖　南	9 057 970.9	5 102 293.2	4 280 455.5	377 756.3	114 500.7
广　东	52 070 926.9	20 814 997.5	16 465 853.7	1 697 242.6	336 634.7
广　西	11 842 544.8	11 063 881.9	10 164 486.0	268 589.8	87 948.7
海　南	521 551.1	127 312.0	94 514.4	13 098.0	5 823.6
重　庆	19 558 697.2	3 545 150.9	2 522 623.8	563 343.5	94 927.3
四　川	4 367 366.8	1 466 054.2	1 125 769.6	133 510.6	45 202.5
贵　州	912 361.6	169 167.2	115 077.6	12 018.0	2 983.1
云　南	671 841.0	115 453.3	77 935.0	5 830.3	4 875.0
西　藏	15 761.8	13 571.8	7 128.6	228.2	722.7
陕　西	134 905.5	38 398.7	23 601.3	2 723.6	699.2
甘　肃	1 652 822.4	710 394.8	552 334.3	29 812.0	16 864.9
青　海	622 557.8	103 480.3	72 654.0	5 884.9	4 925.1
宁　夏	84 188.2	14 838.0	10 869.4	246.5	327.5
新　疆	1 313 842.4	399 668.4	277 570.1	39 330.5	8 252.4

注：“各地区环境服务业企业财务情况”“各地区环境服务业行政单位财务情况”“各地区环境服务业事业单位财务情况”3 张表的统计范围为环境与生态监测检测服务（国民经济行业分类代码为 746）、生态保护和环境治理业（国民经济行业分类代码为 77，不含 7711 自然生态系统保护管理，7712 自然遗迹保护管理，7713 野生动物保护，7714 野生植物保护，7715 动物园、水族馆管理服务和 7716 植物园管理服务）。

各地区环境服务业行政单位财务情况

（2022）

单位：万元

地区名称	资产总计	负债合计	本年收入合计	本年支出合计
总　计	1 455 831.9	132 743.4	1 014 721.1	956 765.1
北　京	—	—	—	—
天　津	—	—	—	—
河　北	20 708.5	1 649.6	14 236.2	15 759.9
山　西	52 027.0	3 005.5	37 550.7	38 644.2
内蒙古	—	—	—	—
辽　宁	26 319.5	2 609.5	55 559.5	55 749.4
吉　林	12 267.8	3 317.4	9 843.1	9 865.1
黑龙江	2 581.0	77.0	719.0	947.0
上　海	3 013.0	59.8	3 995.3	4 061.3
江　苏	30 668.6	452.9	8 741.2	9 283.5
浙　江	38 281.3	3 245.6	32 856.3	30 593.8
安　徽	469.0	55.6	2 285.7	2 285.7
福　建	758.7	0.0	597.5	597.5
江　西	13 631.7	3 661.4	21 868.4	21 337.7
山　东	—	—	—	—
河　南	—	—	—	—
湖　北	—	—	—	—
湖　南	28 103.5	5 928.1	39 621.6	40 071.2
广　东	1 233.0	0.0	639.1	639.1
广　西	14 603.9	288.6	9 623.7	9 570.8
海　南	9 412.5	72.7	2 819.0	2 819.0
重　庆	—	—	—	—
四　川	787 272.0	66 615.3	436 755.2	416 355.6
贵　州	358.5	0.0	54.3	54.3
云　南	201 124.2	18 533.4	122 528.5	120 946.5
西　藏	7 748.2	1 627.3	16 095.9	16 331.1
陕　西	150 212.2	14 247.2	147 969.9	127 972.4
甘　肃	—	—	—	—
青　海	—	—	—	—
宁　夏	39 391.9	6 728.3	29 564.3	16 521.9
新　疆	15 645.9	568.2	20 796.7	16 358.1

各地区环境服务业事业单位财务情况

（2022）

单位：万元

地区名称	资产总计	负债合计	本年收入合计	本年支出合计
总　计	4 866 459.9	871 815.8	2 723 816.6	2 633 431.4
北　京	323 311.7	41 631.0	218 962.7	220 573.9
天　津	27 104.1	2 725.7	28 834.6	29 177.3
河　北	31 959.1	1 951.5	14 957.8	16 319.1
山　西	115 781.2	16 133.7	64 789.4	54 058.8
内蒙古	89 383.6	1 514.1	32 694.2	32 358.4
辽　宁	88 212.3	21 617.6	50 304.7	37 955.7
吉　林	150 283.4	12 694.7	69 311.6	71 542.8
黑龙江	37 480.5	1 172.0	14 516.2	15 518.6
上　海	171 759.0	7 822.4	87 883.2	99 992.2
江　苏	302 969.6	72 873.9	155 235.6	150 604.9
浙　江	273 360.6	80 283.2	218 200.0	194 725.1
安　徽	141 326.7	64 979.4	64 889.9	69 490.1
福　建	263 523.4	19 453.1	140 253.6	130 759.8
江　西	110 928.7	20 126.3	57 105.9	54 467.7
山　东	338 607.7	103 032.6	157 289.9	159 851.0
河　南	94 122.7	28 850.8	57 852.7	65 208.0
湖　北	118 705.3	18 060.7	65 216.7	67 995.4
湖　南	126 010.8	26 738.7	72 351.8	71 093.3
广　东	974 523.1	193 991.2	551 359.7	546 112.5
广　西	67 795.7	12 198.3	82 719.5	69 402.1
海　南	61 468.7	1 512.1	32 639.8	32 485.1
重　庆	328 363.2	29 097.8	113 320.6	99 189.6
四　川	91 818.8	15 551.2	87 940.9	85 172.9
贵　州	10 650.0	230.2	6 486.5	7 720.5
云　南	67 740.4	22 043.2	47 034.1	45 246.6
西　藏	—	—	—	—
陕　西	122 823.9	4 204.1	108 582.6	95 236.2
甘　肃	215 762.6	49 516.4	90 340.8	79 500.4
青　海	—	—	—	—
宁　夏	41 762.9	1 683.2	17 568.1	16 798.4
新　疆	78 920.2	126.7	15 173.5	14 875.0

各地区清洁生产审核情况

（2022）

单位：家

地区名称	公布强制性清洁生产审核企业数	已开展强制性清洁生产审核企业数	开展审核评估的企业数	审核验收合格的企业数	审核验收不合格的企业数
总　计	9 117	8 307	6 815	5 750	212
北　京	50	46	44	21	23
天　津	—	—	—	—	—
河　北	679	551	133	625	16
山　西	363	355	352	0	0
内蒙古	105	81	49	48	1
辽　宁	100	144	52	16	0
吉　林	72	59	59	0	0
黑龙江	32	29	27	4	0
上　海	346	169	93	76	0
江　苏	1 360	1 318	1 311	1 282	26
浙　江	443	443	443	443	0
安　徽	166	258	187	125	6
福　建	701	371	146	86	0
江　西	385	402	267	27	
山　东	1 213	1 028	947	777	14
河　南	542	518	466	387	0
湖　北	179	189	155	137	52
湖　南	231	227	194	177	17
广　东	1 152	1 240	1 161	1 150	41
广　西	113	111	195	42	0
海　南	35	17	11	1	
重　庆	91	91	48	43	0
四　川	252	252	151	103	5
贵　州	80	10	10	0	
云　南	37	52	43	36	1
西　藏	—	—	—	—	—
陕　西	133	141	90	29	9
甘　肃	188	115	115	88	0
青　海	8	31	13	18	0
宁　夏	27	26	23	6	1
新　疆	34	33	30	3	

管辖海域未达到第一类海水水质标准的海域面积

单位：千米²

海 域	合计	第二类水质海域面积	第三类水质海域面积	第四类水质海域面积	劣于第四类水质海域面积
全 国	76 840	34 390	11 030	6 540	24 880
渤 海	24 650	10 910	3 790	2 150	7 800
黄 海	13 710	9 850	1 650	1 000	1 210
东 海	28 940	11 190	4 030	2 370	11 350
南 海	9 540	2 440	1 560	1 020	4 520

全国近岸海域各类海水水质面积比例

单位：%

海 域	一类海水	二类海水	三类海水	四类海水	劣四类海水	主要超标指标
全 国	61.9	20.0	4.1	5.1	8.9 无机氮和活性磷酸盐
渤 海	41.1	27.9	7.9	5.8	17.3 无机氮、活性磷酸盐
黄 海	77.4	17.4	3.2	1.3	0.7 无机氮、活性磷酸盐
东 海	37.6	26.3	6.5	11.9	17.7 无机氮、活性磷酸盐
南 海	79.6	13.2	1.5	1.6	4.2 无机氮、活性磷酸盐

管辖海域海区废弃物倾倒及石油勘探开发污染物排放入海情况

海 域	海洋废弃物/万米³	生产水/万米³	泥浆/米³	钻屑/米³	机舱污水/米³	食品废弃物/吨	含油钻屑/米³	生活污水/万米³
全 国	32 366.0	20 978.6	140 692.6	126 716.8	2 016.9	1 354.2	—	122.1
渤 海	3 364.8	4.5	41 244.4	62 869.5	0.0	0.0	—	60.1
黄 海	598.1	0.0	0.0	0.0	0.0	0.0	—	0.0
东 海	14 835.4	207.6	1 150.2	4 743.2	0.0	425.7	—	6.6
南 海	13 567.7	20 766.5	98 298.0	59 104.1	2 016.9	928.5	—	55.4

各地区环境影响评价情况

（2022）

地区名称	当年建设项目环境影响评价文件审批数/项	当年建设项目环境影响登记表备案数/项	当年审批的建设项目投资总额/万元	当年审批的建设项目环保投资总额/万元
总　计	**126 917**	**380 056**	**2 450 695 966.2**	**75 468 570.3**
国家级	62	—	132 217 783.0	3 119 119.3
北　京	841	11 419	17 578 250.7	470 909.5
天　津	1 057	13 357	20 685 586.4	1 320 577.2
河　北	7 951	27 772	79 249 904.2	2 713 920.0
山　西	2 696	8 332	43 380 320.4	2 018 737.9
内蒙古	3 308	6 121	56 909 683.3	2 243 692.9
辽　宁	3 007	11 369	42 161 349.5	1 435 106.7
吉　林	2 163	3 858	34 267 475.1	1 208 761.7
黑龙江	2 399	3 783	26 529 535.2	944 937.6
上　海	2 121	12 712	39 493 273.9	1 118 376.1
江　苏	11 500	26 735	197 450 658.0	5 992 017.1
浙　江	10 102	11 392	178 314 946.4	4 179 166.2
安　徽	6 429	14 637	153 361 914.1	3 811 633.7
福　建	4 368	5 033	87 371 521.5	2 391 555.9
江　西	4 395	6 825	98 973 786.0	2 717 397.2
山　东	11 207	72 744	174 299 291.1	6 031 651.5
河　南	6 088	12 079	109 810 443.9	2 981 430.4
湖　北	5 095	11 400	145 975 648.0	4 564 660.0
湖　南	3 147	8 424	32 310 038.4	894 940.6
广　东	12 878	19 770	202 165 175.0	8 597 271.0
广　西	3 724	7 384	116 159 047.5	3 215 268.4
海　南	551	1 718	10 579 313.0	456 597.8
重　庆	2 517	4 763	52 438 500.3	989 082.6
四　川	4 624	16 256	88 388 106.7	2 664 133.6
贵　州	2 499	8 691	32 441 997.1	955 566.4
云　南	2 672	8 692	75 307 047.3	2 117 124.4
西　藏	417	9 816	3 693 309.4	39 379.1
陕　西	2 409	11 959	41 855 377.8	1 264 642.5
甘　肃	1 246	9 021	34 993 366.0	835 991.1
青　海	430	4 128	10 735 396.6	201 433.8
宁　夏	986	3 630	24 739 937.6	1 007 754.8
新　疆	4 028	6 236	86 857 983.0	2 965 733.6

131

各地区生态环境监测情况（一）

（2022）

地区名称	监测用房面积/米²	监测业务经费/万元	环境监测仪器设备数/台（套）	环境监测仪器设备原值总值/万元	环境空气监测点位数/个	国控监测点位	酸雨监测点位/个	沙尘天气影响环境质量监测点位数/个
总　计	4 111 988.42	2 111 808.83	105 379	1 764 876.65	15 143	1 734	1 767	280
国家级	83 100.00	108 162.3	3 314	43 000.00	1 734	1 734	0	0
北　京	39 153.50	46 920.06	1 277	28 782.33	114	24	1	0
天　津	48 980.23	30 643.15	963	22 878.48	115	21	9	1
河　北	184 594.19	84 043.59	5 557	86 219.68	2 550	76	0	0
山　西	98 459.73	42 466.69	2 264	31 575.67	486	65	40	11
内蒙古	172 651.95	37 634.93	4 754	82 957.29	278	49	40	49
辽　宁	117 632.49	49 107.13	2 676	40 304.06	240	79	132	11
吉　林	80 108.84	30 877.19	2 000	30 673.98	164	34	36	7
黑龙江	81 768.90	30 700.00	1 521	21 924.37	216	63	49	1
上　海	96 711.37	60 852.65	2 215	59 027.96	90	19	31	0
江　苏	274 753.16	196 007.81	6 168	126 564.79	1 092	95	194	3
浙　江	172 365.16	148 558.48	4 910	102 939.19	535	57	92	2
安　徽	117 418.06	45 810.19	3 036	48 313.09	343	80	40	0
福　建	121 664.19	82 694.73	4 598	71 796.86	365	42	104	4
江　西	156 790.11	36 659.92	2 230	35 285.83	386	64	19	0
山　东	191 969.52	130 366.09	4 844	91 464.95	2 686	106	72	45
河　南	172 951.10	76 462.86	4 830	82 553.97	985	100	50	14
湖　北	126 020.56	60 377.53	3 307	42 863.24	295	59	92	9
湖　南	145 803.01	84 480.07	3 451	41 667.17	300	79	122	18
广　东	290 011.16	188 285.89	7 857	138 360.23	643	133	113	0
广　西	136 135.89	50 706.40	3 593	62 036.53	188	62	59	0
海　南	31 176.10	25 766.40	1 162	24 206.34	104	12	26	0
重　庆	110 099.07	61 516.62	2 917	55 897.32	282	36	27	0
四　川	276 150.07	156 272.52	7 587	119 189.05	599	104	156	0
贵　州	143 450.52	30 908.48	3 878	53 843.94	243	36	38	0
云　南	181 315.31	38 446.30	4 951	44 121.50	197	46	84	0
西　藏	13 210.44	3 813.12	377	4 643.07	28	18	3	0
陕　西	132 145.76	68 983.14	2 649	45 893.39	887	55	58	24
甘　肃	79 561.57	35 090.59	2 869	53 691.80	179	39	19	30
青　海	22 759.60	21 103.83	504	12 523.41	65	11	17	3
宁　夏	34 572.00	13 077.33	897	20 182.42	190	23	19	8
新　疆	178 504.87	35 012.84	2 223	39 494.74	298	47	25	40

注："环境监测仪器设备数/台（套）""环境监测仪器设备原值总值/万元"两项指标统计口径为"原值大于10万元或日常使用频率较高的环境监测仪器设备"。

各地区生态环境监测情况（二）

（2022）

单位：个

地区名称	地表水水质监测断面（点位）数	国控断面数	集中式饮用水水源地监测点位数	地表水监测点位数	地下水监测点位数	近岸海域监测点位数
总　计	35 129	3 641	19 419	12 271	7 148	2 155
北　京	457	35	101	6	95	0
天　津	215	41	139	7	132	35
河　北	1 049	119	1 178	23	1 155	21
山　西	460	84	448	68	380	0
内蒙古	588	127	432	92	340	0
辽　宁	552	154	217	92	125	0
吉　林	602	110	171	118	53	0
黑龙江	562	142	175	55	120	0
上　海	1 040	40	7	7	0	114
江　苏	4 795	234	249	247	2	91
浙　江	1 311	157	439	429	10	160
安　徽	1 407	200	168	135	33	0
福　建	1 258	100	1 098	1 006	92	243
江　西	1 003	151	799	709	90	0
山　东	2 307	146	649	234	415	731
河　南	1 537	156	818	163	655	0
湖　北	1 675	198	672	619	53	0
湖　南	1 547	165	1 167	999	168	0
广　东	3 474	158	1 136	1 062	74	562
广　西	760	114	111	102	9	20
海　南	675	49	408	141	267	178
重　庆	2 254	88	1 203	1 114	89	0
四　川	2 020	190	2 699	1 952	747	0
贵　州	1 309	108	2 471	1 403	1 068	0
云　南	466	206	1 001	848	153	0
西　藏	225	46	74	29	45	0
陕　西	689	99	333	152	181	0
甘　肃	304	74	449	195	254	0
青　海	140	36	129	60	69	0
宁　夏	268	17	51	23	28	0
新　疆	180	97	427	181	246	0

各地区生态环境监测情况（三）

（2022）

地区名称	开展声环境质量监测的点位数/个	区域声环境质量监测点位数	道路交通声环境监测点位数	功能区声环境质量监测点位数	开展污染源监督性监测的重点企业数/家
总　计	309 536	224 519	64 990	20 027	74 833
北　京	1 523	812	683	28	1 134
天　津	1 544	962	492	90	508
河　北	14 041	10 530	2 713	798	2 785
山　西	6 893	5 002	1 601	290	427
内蒙古	8 353	5 712	2 155	486	1 510
辽　宁	10 652	8 195	1 611	846	1 923
吉　林	6 346	4 524	1 260	562	1 554
黑龙江	11 881	8 405	2 868	608	522
上　海	518	261	205	52	1 022
江　苏	23 292	17 048	5 083	1 161	15 776
浙　江	11 386	8 158	2 447	781	4 786
安　徽	3 120	2 121	846	153	1 047
福　建	8 569	6 889	1 405	275	2 269
江　西	15 512	10 344	3 146	2 022	1 529
山　东	17 159	12 856	3 530	773	8 033
河　南	7 975	5 841	1 714	420	2 993
湖　北	22 054	16 361	4 406	1 287	3 548
湖　南	15 026	10 628	3 313	1 085	3 358
广　东	20 882	13 954	6 142	786	5 963
广　西	12 473	9 150	2 590	733	521
海　南	2 650	2 062	455	133	295
重　庆	4 787	3 523	901	363	2 850
四　川	15 716	11 862	2 870	984	3 176
贵　州	12 476	9 393	2 290	793	2 004
云　南	18 509	14 527	2 778	1 204	1 315
西　藏	2 822	1 128	552	1 142	47
陕　西	10 221	7 434	1 995	792	1 211
甘　肃	10 699	7 948	2 094	657	1 451
青　海	1 678	999	540	139	250
宁　夏	2 524	1 690	713	121	419
新　疆	8 255	6 200	1 592	463	607

各地区生态环境执法情况（一）

（2022）

地区名称	已实施自动监控的重点排污单位数/家	已实施自动监控的重点排污单位中排放口数/个		已实施自动监控的重点排污单位中监控设备与生态环境部门稳定联网数/家				
		废水排放口数	废气排放口数	COD监控设备与生态环境部门稳定联网数	NH₃-N监控设备与生态环境部门稳定联网数	SO₂监控设备与生态环境部门稳定联网数	NOₓ监控设备与生态环境部门稳定联网数	烟尘监控设备与生态环境部门稳定联网数
总　计	51 295	35 162	50 268	31 087	28 838	32 032	33 550	38 810
北　京	565	328	1 128	298	297	80	896	99
天　津	884	469	1 676	465	463	278	1 084	489
河　北	3 555	2 227	4 519	2 153	2 062	2 894	2 812	4 095
山　西	1 327	457	2 399	427	421	1 746	1 594	2 209
内蒙古	1 241	497	1 901	442	413	1 570	1 477	1 736
辽　宁	2 318	1 046	3 156	962	934	2 268	2 226	2 852
吉　林	870	449	1 012	440	430	853	848	917
黑龙江	907	444	980	418	397	855	856	908
上　海	753	669	993	497	460	312	500	249
江　苏	4 964	4 562	2 859	3 752	3 150	1 542	1 625	1 890
浙　江	3 767	3 222	1 937	2 977	2 783	1 043	1 076	1 155
安　徽	2 539	1 772	2 077	1 627	1 458	1 381	1 341	1 719
福　建	910	750	800	601	559	543	562	695
江　西	1 881	1 430	1 298	1 315	1 271	973	970	1 169
山　东	5 963	3 411	6 916	3 312	3 170	4 189	4 280	4 961
河　南	3 146	1 542	3 743	1 492	1 394	2 423	2 475	3 064
湖　北	1 563	1 249	1 094	1 182	1 081	699	643	897
湖　南	1 089	838	645	751	683	476	476	543
广　东	4 746	4 609	2 669	3 225	3 022	1 669	1 762	1 849
广　西	1 060	719	1 110	631	608	704	725	1 054
海　南	254	213	168	205	203	127	129	145
重　庆	747	643	475	553	528	356	359	407
四　川	2 249	1 567	1 758	1 466	1 226	1 220	1 184	1 485
贵　州	633	410	544	401	390	405	372	505
云　南	602	320	632	295	290	467	391	596
陕　西	1 101	567	1 411	458	446	969	1 042	1 076
甘　肃	588	290	763	281	266	582	523	702
青　海	55	20	100	20	20	94	53	98
宁　夏	273	152	357	152	148	299	302	321
新　疆	745	290	1 148	289	265	1 015	967	925

各地区生态环境执法情况（二）

（2022）

地区 名称	纳入检查对象名录库的 企业（单位）数/家	随机抽查企业（单位） 数/家次	案件数/件	罚款金额/万元
总　计	1 995 190	509 902	90 967	767 163.8
北　京	92 417	9 716	—	—
天　津	107 304	6 170	673	3 702.0
河　北	82 849	50 837	6 756	28 193.5
山　西	44 804	15 594	3 365	37 180.8
内蒙古	8 554	7 654	1 967	25 306.8
辽　宁	61 320	22 125	1 834	18 079.5
吉　林	32 160	14 183	665	2 999.3
黑龙江	16 269	5 977	524	9 190.1
上　海	53 891	26 277	973	9 331.7
江　苏	161 348	31 046	18 129	158 989.7
浙　江	96 107	25 050	5 802	60 559.4
安　徽	41 297	12 645	2 609	18 742.1
福　建	45 766	14 699	2 833	21 735.2
江　西	22 676	10 196	1 168	13 526.3
山　东	216 156	50 764	7 511	62 220.8
河　南	80 854	34 733	4 880	27 921.0
湖　北	30 572	11 142	1 807	12 921.4
湖　南	35 006	20 703	2 633	18 492.0
广　东	528 048	43 278	7 890	88 804.9
广　西	47 815	11 065	1 199	10 757.2
海　南	2 309	2 089	547	5 703.3
重　庆	32 444	8 061	1 431	8 097.5
四　川	59 442	15 763	3 191	19 545.1
贵　州	19 555	13 186	1 568	15 015.2
云　南	19 227	11 104	2 292	29 174.9
西　藏	1 842	4 408	139	4 077.3
陕　西	20 979	10 917	2 624	25 334.0
甘　肃	12 153	8 675	776	5 612.9
青　海	2 291	1 423	138	1 554.3
宁　夏	2 651	1 968	413	5 331.5
新　疆	33 132	19 592	3 400	30 946.9

各地区生态环境执法情况（三）

（2022）

地区名称	举办环境执法岗位培训班期数/期	环境执法岗位培训人数/人	举办其他环境执法业务培训期数/期	环境执法其他业务培训人数/人
总　计	**84**	**20 348**	**2 540**	**169 270**
国家级	6	956	17	4 048
北　京	1	108	17	2 800
天　津	5	520	16	4 800
河　北	0	0	6	17 028
山　西	21	1 418	86	5 432
内蒙古	2	119	22	5 882
辽　宁	3	2 764	121	8 179
吉　林	2	117	1	1 230
黑龙江	1	170	1	48
上　海	2	374	17	3 864
江　苏	2	3 000	5	652
浙　江	6	525	489	30 856
安　徽	3	406	4	460
福　建	1	180	61	2 865
江　西	1	160	50	7 560
山　东	3	1 344	619	22 156
河　南	2	404	7	3 646
湖　北	3	321	7	734
湖　南	1	2 141	73	3 335
广　东	2	2 821	2	300
广　西	2	240	13	1 094
海　南	1	55	85	1 877
重　庆	0	0	122	9 443
四　川	1	500	400	17 096
贵　州	4	70	22	1 864
云　南	2	342	22	1 006
西　藏	1	329	31	500
陕　西	0	0	86	2 146
甘　肃	1	150	2	275
青　海	1	300	3	120
宁　夏	2	210	26	1 480
新　疆	2	304	107	6 494

各地区环境应急情况

（2022）

地区名称	突发环境事件数量/次	特别重大环境事件数	重大环境事件数	较大环境事件数	一般环境事件数
总　计	**113**	0	**2**	0	**111**
北　京	0	0	0	0	0
天　津	0	0	0	0	0
河　北	0	0	0	0	0
山　西	15	0	0	0	15
内蒙古	0	0	0	0	0
辽　宁	1	0	0	0	1
吉　林	0	0	0	0	0
黑龙江	0	0	0	0	0
上　海	1	0	0	0	1
江　苏	6	0	0	0	6
浙　江	3	0	0	0	3
安　徽	3	0	0	0	3
福　建	3	0	0	0	3
江　西	4	0	1	0	3
山　东	1	0	0	0	1
河　南	3	0	0	0	3
湖　北	11	0	0	0	11
湖　南	7	0	0	0	7
广　东	8	0	0	0	8
广　西	7	0	0	0	7
海　南	0	0	0	0	0
重　庆	3	0	0	0	3
四　川	5	0	0	0	5
贵　州	5	0	1	0	4
云　南	7	0	0	0	7
西　藏	0	0	0	0	0
陕　西	6	0	0	0	6
甘　肃	3	0	0	0	3
青　海	2	0	0	0	2
宁　夏	4	0	0	0	4
新　疆	5	0	0	0	5

主要城市生态环境保护情况（一）

城 市	二氧化硫年平均浓度/（微克/米³）	二氧化氮年平均浓度/（微克/米³）	可吸入颗粒物（PM₁₀）年平均浓度/（微克/米³）	一氧化碳日均值第95百分位浓度/（微克/米³）	臭氧日最大8小时第90百分位浓度/（微克/米³）	细颗粒物（PM₂.₅）年平均浓度/（微克/米³）	空气质量优良天数比例/%
北　京	3	23	54	1	171	30	78.4
天　津	9	32	65	1.2	176	37	73.2
石家庄	8	33	81	1.3	189	46	64.1
太　原	12	40	83	1.4	175	44	66.0
呼和浩特	10	29	50	1.1	146	24	90.1
沈　阳	14	30	56	1.4	145	32	87.7
长　春	9	26	48	1	124	28	92.1
哈尔滨	14	27	57	1.2	116	37	84.9
上　海	6	27	39	0.9	164	25	87.1
南　京	5	27	51	0.9	170	28	79.7
杭　州	6	32	52	0.9	170	30	83.3
合　肥	8	31	63	1	152	32	86.0
福　州	4	16	32	0.7	142	18	97.5
南　昌	8	24	56	1.1	156	30	85.8
济　南	11	31	71	1.2	182	37	65.5
郑　州	8	27	77	1.3	178	45	60.8
武　汉	9	34	55	1.2	162	35	80.5
长　沙	6	24	50	1	160	38	82.7
广　州	6	29	39	1	179	22	83.8
南　宁	8	23	42	1	136	26	96.7
海　口	4	9	26	0.8	125	13	97.3
重　庆	10	29	48	1	144	31	91.0
成　都	4	30	58	0.9	181	39	77.3
贵　阳	7	16	35	0.8	113	21	100.0
昆　明	8	20	33	0.7	126	20	100.0
拉　萨	8	12	18	0.7	131	8	99.7
西　安	7	38	85	1.4	176	51	52.1
兰　州	15	38	68	1.7	149	33	82.5
西　宁	17	28	56	1.7	140	30	92.6
银　川	14	31	66	1.5	149	31	83.8
乌鲁木齐	7	31	71	1.8	135	41	78.1

139

主要城市生态环境保护情况（二）

城 市	道路交通声环境监测					区域声环境监测		
	路段总长度/米	超70dB（A）路段长度/米	超70dB（A）路段长度百分比/%	路段平均路宽/米	等效声级/dB（A）	网格边长/米	网格总数/个	等效声级/dB（A）
北 京	962 700	307 101	31.9	32.9	68.7	2 500	185	52.8
天 津	499 600	50 901	10.2	28.8	65.5	1 000	340	53.2
石 家 庄	890 200	195 224	21.9	25.8	66.5	2 200	115	52.6
太 原	555 800	0	0.0	41.4	66.1	1 500	239	50.0
呼和浩特	239 900	40 774	17.0	36.4	67.5	1 400	105	52.4
沈 阳	405 300	138 920	34.3	32.3	68.6	1 600	226	54.9
长 春	279 700	93 783	33.5	29.1	69.5	1 500	120	53.7
哈 尔 滨	363 500	106 010	29.2	25.3	67.5	2 500	112	52.5
上 海	174 900	61 300	35.1	30.6	68.1	2 000	209	54.0
南 京	280 200	24 414	8.7	30.2	67.2	1 500	326	53.9
杭 州	741 800	96 860	13.1	31.6	66.5	3 000	155	55.7
合 肥	591 700	217 490	36.8	34.9	68.8	1 000	369	58.5
福 州	335 300	112 490	33.5	27.1	68.3	1 000	232	56.6
南 昌	463 900	59 998	12.9	31.6	65.8	1 300	183	54.5
济 南	191 300	56 341	29.5	51.2	66.5	400	416	55.0
郑 州	465 700	89 820	19.3	44.8	66.9	1 500	196	54.2
武 汉	224 400	93 434	41.6	25.8	69.3	1 000	451	58.2
长 沙	408 100	126 909	31.1	35.7	68.3	2 000	129	53.9
广 州	1 012 100	295 466	29.2	27.9	68.8	2 000	276	56.1
南 宁	166 500	34 155	20.5	54.6	68.6	1 400	114	55.3
海 口	437 500	80 034	18.3	38.2	67.8	1 150	117	59.1
重 庆	527 100	80 100	15.2	23.4	66.2	1 200	491	52.5
成 都	663 700	155 009	23.4	42.6	68.0	2 500	202	55.9
贵 阳	646 600	270 040	41.8	34.7	69.7	1 000	346	54.5
昆 明	664 600	70 769	10.6	34.8	64.1	900	576	51.7
拉 萨	53 000	1 000	1.9	19.5	63.2	500	195	51.5
西 安	924 100	131 989	14.3	22.5	66	750	200	54.4
兰 州	236 000	12 535	5.3	29.1	66.8	1 000	231	51.8
西 宁	294 900	94 951	32.2	35.8	67.5	1 250	128	50.6
银 川	198 800	18 600	9.4	36.8	66.7	1 000	214	52.7
乌鲁木齐	378 400	40 880	10.8	26.8	65.9	—	—	—

主要城市生态环境保护情况（三）

城　市	区域声环境声源构成							
	交通运输噪声		工业噪声		建筑施工噪声		社会生活噪声	
	所占比例/%	平均声级/dB（A）	所占比例/%	平均声级/dB（A）	所占比例/%	平均声级/dB（A）	所占比例/%	平均声级/dB（A）
北　京	15.7	56.6	4.9	56.3	—	—	79.5	51.8
天　津	16.5	56.2	11.2	53.6	7.1	53.2	65.3	52.4
石 家 庄	27.0	51.9	7.0	56.2	1.7	49.8	64.3	52.6
太　原	4.6	52.2	2.5	56.8	—	—	92.9	49.7
呼和浩特	22.2	58.2	6.5	55.9	3.7	59.4	67.6	50.1
沈　阳	27.9	58.9	8.8	55.4	4.0	58.9	59.3	52.7
长　春	26.7	60.9	3.3	54.8	1.7	58.4	68.3	50.8
哈 尔 滨	31.2	55.4	14.3	51.5	3.6	53.5	50.9	51.0
上　海	12.4	56.4	8.1	56.7	0.5	55.5	78.9	53.4
南　京	33.9	54.5	15.2	55.9	0.6	51.8	50.3	52.9
杭　州	16.1	58.4	2.6	53.2	5.2	56.4	76.1	55.2
合　肥	20.3	59.2	23.6	59.1	3.5	57.9	52.6	58.0
福　州	22.8	60.2	4.3	58.6	2.2	58.0	70.7	55.3
南　昌	33.9	57.2	51.4	52.2	10.4	55.1	4.4	60.1
济　南	6.2	53.8	4.1	55.0	1.4	54.2	88.2	55.1
郑　州	13.8	57.2	—	—	0.5	55.2	85.7	53.7
武　汉	32.6	61.7	8.6	60.1	5.5	58.3	53.2	55.7
长　沙	34.9	57.3	7.0	55.7	7.8	54.5	50.4	51.2
广　州	27.9	58.9	13.0	55.4	2.9	57.0	56.2	54.8
南　宁	23.7	61.4	3.5	57.9	1.8	57.6	71.1	53.0
海　口	34.2	64.0	3.4	58.2	5.1	63.8	57.3	55.8
重　庆	15.3	55.2	7.1	54.1	4.9	54.8	72.7	51.6
成　都	9.4	61.9	26.7	57.2	3.5	59.6	60.4	54.1
贵　阳	35.8	56.4	4.9	55.3	4.9	54.8	54.3	53.2
昆　明	19.1	56.5	6.2	53.6	1.7	52.9	72.9	50.3
拉　萨	11.3	61	—	—	—	—	88.7	50.3
西　安	17.9	58.8	5.5	53.9	4.5	55.2	72.1	53.3
兰　州	26.8	53.7	5.2	54.4	6.1	52.2	61.9	50.8
西　宁	15.6	53.7	7	53.8	5.5	51.3	71.9	49.5
银　川	21	53.1	14	54.6	1.4	52.6	63.6	52.2
乌鲁木齐	—	—	—	—	—	—	—	—

主要水系水质状况评价情况

（按监测断面统计）

主要水系	监测断面个数/个	分类水质断面占全部断面百分比/%					
		I 类	II 类	III 类	IV 类	V 类	劣V类
长江流域	1 017	11.8	69.8	16.5	1.8	0.1	0
黄河流域	270	7.2	57.8	22.4	8.4	1.9	2.3
珠江流域	364	10.4	63.5	20.3	4.9	0.5	0.3
松花江流域	255	0	20.1	50.4	23.6	3.9	2.0
淮河流域	341	0.3	23.2	61.0	15.0	0.6	0
海河流域	247	12.6	30.1	32.1	24.4	0.8	0
辽河流域	195	5.7	52.1	26.8	12.4	3.1	0

重点评价湖泊水库水质状况（一）

湖泊名称	所在行政区	水质类别	主要超标项目	营养状况
东武仕水库	邯郸市	优	—	中营养
于桥水库	天津市	良好	—	轻度富营养
北塘水库	天津市	优	—	中营养
北大港水库	天津市	中度污染	总磷、化学需氧量、高锰酸盐指数	中度富营养
团城湖调节池	北京市	优	—	中营养
大宁水库	北京市	优	—	中营养
大浪淀水库	沧州市	优	—	中营养
安格庄水库	保定市	优	—	中营养
官厅水库	张家口市	轻度污染	氟化物	中营养
密云水库	北京市	优	—	贫营养
岗南水库	石家庄市	优	—	中营养
怀柔水库	北京市	优	—	中营养
海子水库	北京市	优	—	中营养
王庆坨水库	天津市	优	—	中营养
王快水库	保定市	优	—	中营养
白洋淀	雄安新区	良好	—	中营养
衡水湖	衡水市	良好	—	轻度富营养
西大洋水库	保定市	优	—	中营养
黄壁庄水库	石家庄市	优	—	中营养
潘家口水库	承德市	优	—	中营养
环城湖	聊城市	良好	—	轻度富营养
高唐湖	聊城市	优	—	中营养
七一水库	上饶市	优	—	贫营养
东江水库	郴州市	优	—	贫营养
东风水库	毕节市	优	—	中营养
丹江口水库	南阳市、十堰市	优	—	中营养
仙女湖	新余市	轻度污染	总磷	轻度富营养
内外珠湖	上饶市	优	—	中营养
北山水库	镇江市	良好	—	中营养
升金湖	池州市	良好	—	轻度富营养
南漪湖	宣城市	良好	—	轻度富营养
城西水库	滁州市	良好	—	中营养

重点评价湖泊水库水质状况（二）

湖泊名称	所在行政区	水质类别	主要超标项目	营养状况
大通湖	益阳市	中度污染	总磷	中度富营养
太平湖	黄山市	优	—	中营养
富水水库	咸宁市	优	—	中营养
斧头湖	武汉市、咸宁市	良好	—	轻度富营养
新妙湖	九江市	轻度污染	总磷	轻度富营养
松华坝水库	昆明市	优	—	中营养
柘林湖	九江市	优	—	中营养
梁子湖	武汉市、鄂州市	良好	—	轻度富营养
武昌湖	安庆市	良好	—	中营养
泊湖	安庆市	良好	—	中营养
泸沽湖	丽江市	优	—	贫营养
洞庭湖	岳阳市、常德市、益阳市	轻度污染	总磷	中营养
洪湖	荆州市	中度污染	总磷、化学需氧量、高锰酸盐指数	中度富营养
洪门水库	抚州市	良好	—	中营养
漳河水库	荆门市	优	—	贫营养
瀛湖	安康市	优	—	中营养
玉滩水库	重庆市	良好	—	中营养
白莲河水库	黄冈市	良好	—	中营养
百花湖	贵阳市	优	—	中营养
石臼湖	马鞍山市	良好	—	中营养
石门水库（褒河）	汉中市	优	—	—
程海	丽江市	重度污染	氟化物*、化学需氧量	中营养
红枫湖	贵阳市	优	—	中营养
花亭湖	安庆市	优	—	中营养
草海	毕节市	轻度污染	高锰酸盐指数、化学需氧量	轻度富营养
菜子湖	安庆市	良好	—	中营养
葫芦口水库	内江市	优	—	中营养

144

重点评价湖泊水库水质状况（三）

湖泊名称	所在行政区	水质类别	主要超标项目	营养状况
邛海	凉山彝族自治州	优	—	贫营养
鄱阳湖	上饶市、南昌市、九江市	轻度污染	总磷	轻度富营养
长湖	荆门市	轻度污染	总磷	轻度富营养
隔河岩水库	宜昌市	优	—	贫营养
鲁班水库	绵阳市	良好	—	中营养
黄大湖	安庆市	良好	—	轻度富营养
黄盖湖	咸宁市、岳阳市	良好	—	轻度富营养
黄龙滩水库	十堰市	优	—	中营养
龙感湖	安庆市、黄冈市	轻度污染	总磷	轻度富营养
东圳水库	莆田市	优	—	中营养
东溪水库	南平市	优	—	中营养
东钱湖	宁波市	优	—	中营养
千岛湖	杭州市	优	—	贫营养
山美水库	泉州市	优	—	中营养
湖南镇水库	丽水市	优	—	中营养
珊溪水库	温州市	优	—	中营养
紧水滩水库	丽水市	优	—	贫营养
里石门水库	台州市	优	—	中营养
铜山源水库	衢州市	优	—	中营养
长潭水库	台州市	优	—	贫营养
五号水库	鹤岗市	良好	—	中营养
向海水库	白城市	重度污染	氟化物*、化学需氧量	轻度富营养
察尔森水库	兴安盟	良好	—	中营养
尼尔基水库	呼伦贝尔市	轻度污染	总磷	轻度富营养
扎龙湖	齐齐哈尔市	轻度污染	化学需氧量*、高锰酸盐指数*	—
松花湖	吉林市	良好	—	中营养
查干湖	松原市	轻度污染	总磷、化学需氧量、高锰酸盐指数	轻度富营养

重点评价湖泊水库水质状况（四）

湖泊名称	所在行政区	水质类别	主要超标项目	营养状况
磨盘山水库	哈尔滨市	良好	—	中营养
莫莫格泡	白城市	重度污染	化学需氧量*、高锰酸盐指数*、氟化物*	中度富营养
莲花水库	牡丹江市	轻度污染	总磷	轻度富营养
镜泊湖	牡丹江市	良好	—	中营养
贝尔湖	呼伦贝尔市	中度污染	化学需氧量*、高锰酸盐指数*、总磷	轻度富营养
兴凯湖	鸡西市	中度污染	总磷	轻度富营养
小兴凯湖	鸡西市	轻度污染	总磷	轻度富营养
三门峡水库	三门峡市	优	—	中营养
东平湖	泰安市	良好	—	中营养
乌梁素海	巴彦淖尔市	轻度污染	五日生化需氧量、高锰酸盐指数、化学需氧量	中营养
小浪底水库	济源市	良好	—	中营养
沙湖	石嘴山市	轻度污染	化学需氧量	中营养
王瑶水库	延安市	优	—	中营养
陆浑水库	洛阳市	良好	—	中营养
香山湖	中卫市	优	—	中营养
鸭子荡水库	银川市	优	—	中营养
龙羊峡水库	海南藏族自治州	优	—	贫营养
佩枯错	日喀则市	重度污染	氟化物*	—
勐板河水库	德宏傣族景颇族自治州	优	—	中营养
大中河水库	普洱市	优	—	中营养
姐勒水库	德宏傣族景颇族自治州	优	—	中营养
小湾水库	大理白族自治州	优	—	中营养
户宋河水库	德宏傣族景颇族自治州	优	—	中营养
普莫雍错	山南市	优	—	—
洱海	大理白族自治州	优	—	中营养
海西海	大理白族自治州	优	—	贫营养
茈碧湖	大理白族自治州	优	—	中营养

重点评价湖泊水库水质状况（五）

湖泊名称	所在行政区	水质类别	主要超标项目	营养状况
万峰湖	黔西南布依族苗族自治州	优	—	中营养
公明水库	深圳市	优	—	中营养
南水水库	韶关市	优	—	贫营养
岩滩水库	河池市	优	—	中营养
异龙湖	红河哈尼族彝族自治州	重度污染	化学需氧量、高锰酸盐指数、五日生化需氧量	中度富营养
抚仙湖	玉溪市	优	—	贫营养
新丰江水库	河源市	优	—	贫营养
星云湖	玉溪市	中度污染	化学需氧量、总磷、高锰酸盐指数	轻度富营养
普者黑	文山壮族苗族自治州	优	—	中营养
杞麓湖	玉溪市	重度污染	化学需氧量、高锰酸盐指数、总磷	中度富营养
枫树坝水库	河源市	优	—	中营养
梅林水库	深圳市	优	—	中营养
清林径水库	深圳市	优	—	中营养
白盆珠水库	惠州市	优	—	贫营养
西丽水库	深圳市	良好	—	中营养
铁岗水库	深圳市	优	—	中营养
阳宗海	昆明市	良好	—	中营养
高州水库	茂名市	优	—	中营养
龙滩水库	河池市	优	—	中营养
大广坝水库	东方市	优	—	中营养
大隆水库	三亚市	优	—	中营养
松涛水库	儋州市	优	—	贫营养
牛路岭水库	万宁市	优	—	中营养
赤田水库	三亚市	优	—	中营养
洪潮江水库	北海市、钦州市	优	—	中营养
鹤地水库	湛江市	良好	—	轻度富营养
元荡	上海市	轻度污染	总磷	轻度富营养

重点评价湖泊水库水质状况（六）

湖泊名称	所在行政区	水质类别	主要超标项目	营养状况
大溪水库	常州市	优	—	中营养
太湖	无锡市、苏州市	轻度污染	总磷	轻度富营养
横山水库	无锡市	良好	—	中营养
沙河水库	常州市	优	—	中营养
淀山湖	上海市	轻度污染	总磷	轻度富营养
滆湖	无锡市、常州市	中度污染	总磷	中度富营养
西湖	杭州市	良好	—	中营养
长荡湖	常州市	中度污染	总磷	中度富营养
阳澄湖	苏州市	轻度污染	总磷	轻度富营养
大房郢水库	合肥市	良好	—	中营养
巢湖	合肥市	轻度污染	总磷	轻度富营养
董铺水库	合肥市	优	—	中营养
七里湖	滁州市	轻度污染	总磷、高锰酸盐指数	中度富营养
云蒙湖	临沂市	优	—	中营养
佛子岭水库	六安市	优	—	中营养
南四湖	济宁市	良好	—	轻度富营养
南湾水库	信阳市	良好	—	中营养
四方湖	蚌埠市	轻度污染	总磷、高锰酸盐指数、化学需氧量	轻度富营养
城东湖	六安市	轻度污染	总磷	轻度富营养
城西湖	六安市	中度污染	总磷	轻度富营养
天井湖	蚌埠市	轻度污染	总磷、高锰酸盐指数、化学需氧量	轻度富营养
天河湖	蚌埠市	轻度污染	总磷、化学需氧量、高锰酸盐指数	轻度富营养
女山湖	滁州市	良好	—	中营养
宿鸭湖水库	驻马店市	中度污染	总磷、化学需氧量	轻度富营养
昭平台水库	平顶山市	优	—	中营养
梅山水库	六安市	优	—	中营养
沱湖	蚌埠市	轻度污染	总磷、化学需氧量、高锰酸盐指数	轻度富营养

重点评价湖泊水库水质状况（七）

湖泊名称	所在行政区	水质类别	主要超标项目	营养状况
洪泽湖	淮安市、宿迁市	轻度污染	总磷	轻度富营养
焦岗湖	淮南市	良好	—	轻度富营养
燕山水库	平顶山市	良好	—	中营养
瓦埠湖	淮南市	良好	—	轻度富营养
白马湖	淮安市	良好	—	轻度富营养
白龟山水库	平顶山市	优	—	中营养
邵伯湖	扬州市	轻度污染	总磷	轻度富营养
高塘湖	淮南市	轻度污染	总磷	轻度富营养
高邮湖	淮安市	轻度污染	总磷	轻度富营养
鲇鱼山水库	信阳市	优	—	贫营养
石梁河水库	连云港市	中度污染	总磷	轻度富营养
骆马湖	宿迁市	良好	—	轻度富营养
太河水库	淄博市	优	—	中营养
峡山水库	潍坊市	良好	—	轻度富营养
崂山水库	青岛市	优	—	中营养
清河水库	铁岭市	优	—	中营养
大伙房水库	抚顺市	优	—	中营养
汤河水库	辽阳市	优	—	中营养
观音阁水库	本溪市	优	—	中营养
宫山嘴水库	葫芦岛市	优	—	中营养
桓仁水库	本溪市	优	—	中营养
水丰湖	丹东市	优	—	中营养
碧流河水库	大连市	优	—	中营养
乌金塘水库	葫芦岛市	良好	—	中营养
滇池	昆明市	轻度污染	化学需氧量、总磷	轻度富营养
乌伦古湖	阿勒泰地区	重度污染	氟化物*、化学需氧量	中营养
乌拉泊水库	乌鲁木齐市	优	—	中营养

重点评价湖泊水库水质状况（八）

湖泊名称	所在行政区	水质类别	主要超标项目	营养状况
克鲁克湖	海西蒙古族藏族自治州	良好	—	中营养
党河水库	酒泉市	优	—	中营养
博斯腾湖	巴音郭楞蒙古自治州	良好	—	中营养
双塔水库	酒泉市	优	—	贫营养
喀纳斯湖	阿勒泰地区	优	—	贫营养
岱海	乌兰察布市	重度污染	化学需氧量*、氟化物*、高锰酸盐指数*	轻度富营养
班公错	阿里地区	优	—	—
石城子水库	哈密市	优	—	中营养
红崖山水库	武威市	优	—	中营养
色林错	那曲市	轻度污染	砷*	—
蘑菇湖水库	新疆生产建设兵团	重度污染	总磷、化学需氧量、高锰酸盐指数	中度富营养
解放村水库	酒泉市	优	—	中营养
赛里木湖	博尔塔拉蒙古自治州	优	—	中营养
达里诺尔湖	赤峰市	重度污染	总磷*、化学需氧量*、高锰酸盐指数*	中度富营养
青格达水库	新疆生产建设兵团	轻度污染	总磷、化学需氧量	中度富营养
青海湖	海北藏族自治州、海南藏族自治州	中度污染	化学需氧量*	中营养

注：*表示该指标受自然因素影响较大。

14

主要统计指标解释

14.1 工业源

工业废水中污染物排放量 指调查年度作为排放源统计调查对象的工业企业排放的废水中所含化学需氧量、氨氮、总氮、总磷、石油类、挥发酚、氰化物等污染物和总砷、总铅、总汞、总镉、总铬、六价铬等重金属污染物本身的纯质量。它可采用产排污系数根据生产的产品产量或原辅料用量计算求得，也可以通过工业废水排放量和其中污染物的浓度相乘求得，计算公式为：

污染物排放量（纯质量）＝工业废水排放量×排放口污染物的平均浓度

（1）如企业排出的工业废水经城镇污水处理厂或工业废水处理厂集中处理的，计算化学需氧量、氨氮、总氮、总磷、石油类、挥发酚、氰化物等污染物时，上述计算公式中"排放口污染物的平均浓度"即为污水处理厂排放口的年实际加权平均浓度。如果厂界排放浓度低于污水处理厂的排放浓度，以污水处理厂的排放浓度为准。

（2）计算总砷、总铅、总汞、总镉、总铬、六价铬等重金属污染物时，上述计算公式中"工业废水排放量"为车间排放口的年实际废水量，"排放口污染物的平均浓度"为车间排放口的年实际加权平均浓度。

工业废气中污染物排放量 指调查年度作为排放源统计调查对象的工业企业在生产过程中排入大气的废气污染物的质量。

废水治理设施数 指调查年度作为排放源统计调查对象的工业企业用于防治水污染和经处理后综合利用水资源的实有设施（包括构筑物）数量，以一个废水治理系统为单位统计。附属于设施内的水治理设备和配套设备不单独计算。备用的、调查年度未运行的、已经报废的设施不统计在内。

只填报企业内部的废水治理设施，工业废水排入的城镇污水处理厂、工业废水集中处理厂不能算作企业的废水治理设施；企业内的废水治理设施包括一级处理设施、二级处理设施和三级处理设施，如企业有 2 个排污口，1 个排污口为一级处理（隔油池、化粪池、沉淀池等），另一个排污口为二级处理（如生化处理），则该企业有 2 套废水治理设施；若该企业只有 1 个排污口，经由该排污口的废水先经过一级处理，再经二级（甚至三级）处理后外排，则该企业视为 1 套废水治理设施。即针对同一股废水的所有水治理设备均视为 1 套治理设施，针对不同废水的水治理设备可视为多套治理设施；填报的废水治理设施应为废水污染物统计指标范围内的设施。

废水治理设施处理能力 指调查年度作为排放源统计调查对象的工业企业内部的所有废水治理设施具有的废水处理能力。

废水治理设施运行费用 指调查年度作为排放源统计调查对象的工业企业维持废水治理设施运行所产生的费用，包括能源消耗、设备维修、人员工资、管理费、药剂费及与设施运行有关的其他费用等。

废气治理设施数 指调查年度作为排放源统计调查对象的工业企业用于减少排向大气的污染物

或对污染物加以回收利用的废气治理设施总数，以一个废气治理系统为单位统计。包括除尘、脱硫、脱硝等废气污染物统计指标范围内的设施。备用的、调查年度未运行的、已报废的设施不统计在内。

废气治理设施运行费用　指调查年度作为排放源统计调查对象的工业企业维持废气治理设施运行所产生的费用，包括能源消耗、设备折旧、设备维修、人员工资、管理费、药剂费及与设施运行有关的其他费用等。

一般工业固体废物产生量　指调查年度作为排放源统计调查对象的工业企业实际产生的一般工业固体废物的量。一般工业固体废物指企业在工业生产过程中产生且不属于危险废物的工业固体废物。根据其性质分为两种：

(1) 第Ⅰ类一般工业固体废物：按照《固体废物浸出毒性浸出方法　水平振荡法》(HJ 557—2010)规定方法获得的浸出液中任何一种特征污染物浓度均未超过《污水综合排放标准》(GB 8978—1996)最高允许排放浓度（第二类污染物最高允许排放浓度按照一级标准执行），且 pH 为 6~9 的一般工业固体废物；

(2) 第Ⅱ类一般工业固体废物：按照 HJ 557—2010 规定方法获得的浸出液中有一种或一种以上的特征污染物浓度超过 GB 8978—1996 最高允许排放浓度（第二类污染物最高允许排放浓度按照一级标准执行），或 pH 为 6~9 的一般工业固体废物。

主要包括：

代码	名称	代码	名称
SW01	冶炼废渣	SW07	污泥
SW02	粉煤灰	—	—
SW03	炉渣	SW09	赤泥
SW04	煤矸石	SW10	磷石膏
SW05	尾矿	SW99	其他废物
SW06	脱硫石膏		

不包括矿山开采的剥离废石和掘进废石（煤矸石和呈酸性或碱性的废石除外）。酸性或碱性废石是指采掘的废石其流经水、雨淋水的 pH 小于 4 或 pH 大于 10.5 的。

冶炼废渣　指在冶炼生产过程中产生的高炉渣、钢渣、铁合金渣、锰渣等，不包括列入《国家危险废物名录》中的金属冶炼废物。

粉煤灰　指从燃煤产生的烟气中收捕下来的细微固体颗粒物，不包括从燃煤设施炉膛排出的灰渣。主要来自电力、热力的生产和供应行业以及其他使用燃煤设施的行业，又称飞灰或烟道灰。主要从烟道气体收集而得，应与其烟尘去除量基本相等。

炉渣　指企业燃烧设备从炉膛排出的灰渣，不包括燃料燃烧过程中产生的烟尘。

煤矸石　指与煤层伴生的一种含碳量低、比煤坚硬的黑灰色岩石，包括巷道掘进过程中的掘进矸石，采掘过程中从顶板、底板及夹层里采出的矸石以及洗煤过程中挑出的洗矸石。主要来自煤炭开采和洗选行业。

尾矿 指金属、非金属矿山开采出的矿石，经选矿厂选出有价值的精矿后产生的固体废物。

脱硫石膏 指废气脱硫的湿式石灰石/石膏法工艺中，吸收剂与烟气中二氧化硫等反应后生成的副产物。

污泥 指污水处理厂污水处理中排出的、以干泥量计的固体沉淀物，不包括列入《国家危险废物名录》属于危险废物的污泥。

赤泥 指含铝的矿物原料制取氧化铝或氢氧化铝后所产生的废渣。

磷石膏 指在磷酸生产中用硫酸分解磷矿时产生的二水硫酸钙、酸不溶物，未分解磷矿及其他杂质的混合物。主要来自磷肥制造业。

其他废物 指除上述9类一般工业固体废物以外的未列入《国家危险废物名录》中的固体废物，如机械工业切削碎屑、研磨碎屑、废砂型等，食品工业的活性炭渣，硅酸盐工业和建材工业的砖、瓦、碎砾、混凝土碎块等。

一般工业固体废物产生量计算公式为：

一般工业固体废物产生量=（一般工业固体废物综合利用量−综合利用往年贮存量）+一般工业固体废物贮存量+（一般工业固体废物处置量−处置往年贮存量）+一般工业固体废物倾倒丢弃量

一般工业固体废物综合利用量 指调查年度作为排放源统计调查对象的工业企业通过回收、加工、循环、交换等方式，从固体废物中提取或者使其转化为可以利用的资源、能源和其他原材料的固体废物量（包括当年利用的往年工业固体废物累计贮存量），如用作农业肥料、生产建筑材料、筑路等。综合利用量由原产生固体废物的单位统计。

工业固体废物综合利用的主要方式如下：

序号	综合利用方式	序号	综合利用方式
1	铺路	10	再循环/再利用金属和金属化合物
2	建筑材料	11	再循环/再利用其他无机物
3	农肥或土壤改良剂	12	再生酸或碱
4	矿渣棉	13	回收污染减除剂的组分
5	铸石	14	回收催化剂组分
6	其他	15	废油再提炼或其他废油的再利用
7	作为燃料（直接燃烧除外）或以其他方式产生能量	16	其他有效成分回收
8	溶剂回收/再生（如蒸馏、萃取等）	17	用作充填回填材料
9	再循环/再利用不是用作溶剂的有机物		

一般工业固体废物处置量 指调查年度作为排放源统计调查对象的工业企业将工业固体废物焚烧和用其他改变工业固体废物的物理、化学、生物特性的方法，达到减少或者消除其危险成分的活动，或者将工业固体废物最终置于符合环境保护规定要求的填埋场的活动中，所消纳固体废物的量。

处置方式包括填埋、焚烧、专业贮存场（库）封场处理、深层灌注及海洋处置等。

处置量包括本单位处置或委托给外单位处置的量，还包括当年处置的往年工业固体废物贮存量。

工业固体废物处置的主要方式如下：

处置方式
围隔堆存（属永久性处置）
填埋
置放于地下或地上（如填埋、填坑、填浜）
特别设计填埋
海洋处置
经生态环境管理部门同意的投海处置
埋入海床
焚化
陆上焚化
海上焚化
水泥窑协同处置（指将满足或经过预处理后满足入窑要求的固体废物投入水泥窑，在进行水泥熟料生产的同时实现对固体废物的无害化处置过程）
固化
其他处置（属于未在上面 5 种指明的处置作业方式外的处置）
土地处理（属于生物降解，适用于液态固体废物或污泥固体废物）
地表存放（将液态固体废物或污泥固体废物放入坑、氧化塘、池中）
生物处理
物理化学处理
经生态环境管理部门同意的排入海洋之外的水体（或水域）
其他处理方法

  危险废物产生量 指调查年度作为排放源统计调查对象的工业企业实际产生的危险废物的量，包括利用处置危险废物过程中二次产生的危险废物的量。

  危险废物利用处置量 指调查年度作为排放源统计调查对象的工业企业从危险废物中提取物质作为原材料或者燃料的活动中消纳危险废物的量，以及将危险废物焚烧和用其他改变危险废物物理、化学、生物特性的方法，达到减少或者消除其危险成分的活动，或者将危险废物最终置于符合生态环境保护规定要求的填埋场的活动中，所消纳危险废物的量。包括本单位自行利用处置的本单位产生和送往持证单位的危险废物量，不包括接收的外单位危险废物量。

  危险废物的利用或处置方式如下：

代码	说明
	危险废物（不含医疗废物）利用方式
R1	作为燃料（直接燃烧除外）或以其他方式产生能量
R2	溶剂回收/再生（如蒸馏、萃取等）
R3	再循环/再利用不是用作溶剂的有机物
R4	再循环/再利用金属和金属化合物
R5	再循环/再利用其他无机物
R6	再生酸或碱
R7	回收污染减除剂的组分
R8	回收催化剂组分
R9	废油再提炼或其他废油的再利用
R15	其他
	危险废物（不含医疗废物）处置方式

代码	说明
D1	填埋
D9	物理化学处理（如蒸发、干燥、中和、沉淀等），不包括填埋或焚烧前的预处理
D10	焚烧
D16	其他
其他	
C1	水泥窑协同处置
C2	生产建筑材料
C3	清洗（包装容器）
医疗废物处置方式	
Y10	医疗废物焚烧
Y11	医疗废物高温蒸汽处理
Y12	医疗废物化学消毒处理
Y13	医疗废物微波消毒处理
Y16	医疗废物其他处置方式

送持证单位量　指将所产生的危险废物运往持有危险废物经营许可证的单位综合利用、进行处置或贮存的量。危险废物经营许可证是根据《危险废物经营许可证管理办法》由相应管理部门审批颁发。

污染治理项目名称　指以治理老污染源的污染、"三废"综合利用为主要目的的工程项目名称，或本年完成建设项目竣工环境保护验收的项目名称。

项目类型　指按照不同的项目性质，老工业源污染治理项目分为两类，并给予不同的代码。

1—老工业污染源治理在建项目；2—老工业污染源治理本年竣工项目。

治理类型　指按照不同的企业污染治理对象，污染治理项目分为 14 类：

1—工业废水治理；2—工业废气脱硫治理；3—工业废气脱硝治理；4—其他废气治理；5——般工业固体废物治理；6—危险废物治理（企业自建设施）；7—噪声治理（含振动）；8—电磁辐射治理；9—放射性治理；10—工业企业土壤污染治理；11—矿山土壤污染治理；12—污染物自动在线监测仪器购置安装；13—污染治理搬迁；14—其他治理（含综合防治）。

本年完成投资及资金来源　指调查年度作为排放源统计调查对象的工业企业实际用于环境治理工程的投资额。投资额中的资金来源，是指投资单位在本年内收到的用于污染治理项目投资的各种货币资金，包括政府其他补助和企业自筹。各种来源的资金均为调查年度投入的资金，不包括以往历年的投资。

本年污染治理资金合计＝政府其他补助+企业自筹

竣工项目新增设计处理能力　指设计中规定的主体工程（或主体设备）及相应的配套的辅助工程（或配套设备）在正常情况下能够达到的处理能力。调查年度竣工的污染治理项目，属新建项目的填写设计文件规定的处理、利用"三废"能力；属改扩建、技术改造项目的填写经改造后新增加的处理利用能力，不包括改扩建之前原有的处理能力；只更新设备或重建构筑物，处理利用"三废"能力没有改变的则不填。

工业废水设计处理能力的计量单位为吨/天（t/d）；工业废气设计处理能力的计量单位为标米^3/

时（m³/h）；工业固体废物设计处理能力的计量单位为吨/天（t/d）；噪声治理（含振动）设计处理能力以降低分贝数表示；电磁辐射治理设计处理能力以降低电磁辐射强度表示［电磁辐射计量单位有：电场强度单位为伏特/米（V/m）、磁场强度单位为安培/米（A/m）、功率密度单位为瓦特/米²（W/m²）］。放射性治理设计处理能力以降低放射性浓度表示，废水计量单位为贝克勒尔/升（Bq/L），固体废物计量单位为贝克勒尔/千克（Bq/kg）。

14.2　农业源

农业源统计调查范围包括种植业、畜禽养殖业和水产养殖业。种植业统计范围包括农作物种植和园地种植，畜禽养殖业包括生猪、奶牛、肉牛、蛋鸡、肉鸡五类畜禽的规模化养殖场及规模以下养殖户，水产养殖业包括人工淡水养殖和人工海水养殖。

种植业水污染物排放量　指调查年度农业种植过程排放的废水中所含氨氮、总氮和总磷污染物本身的纯质量。

畜禽养殖业水污染物排放量　指调查年度农业畜禽养殖过程排放的废水中所含化学需氧量、氨氮、总氮和总磷污染物本身的纯质量。

规模化畜禽养殖场　指饲养数量达到一定规模的畜禽养殖单元。各畜禽种类规模化养殖场养殖规模的标准是：生猪≥500头、奶牛≥100头、肉牛≥50头、蛋鸡≥2 000羽、肉鸡≥10 000羽。

养殖户　指饲养数量未达到规模化养殖场标准的畜禽养殖单元。各畜禽种类养殖户养殖规模的标准是：生猪＜500头、奶牛＜100头、肉牛＜50头、蛋鸡＜2 000羽、肉鸡＜10 000羽。

水产养殖业水污染物排放量　指调查年度农业人工水产养殖过程排放的废水中所含化学需氧量、氨氮、总氮和总磷污染物本身的纯质量。

14.3　生活源

生活污水污染物排放量　指调查年度内最终排入外环境生活污水污染物的量，即生活污水污染物产生量扣减经集中污水处理设施去除的生活污水污染物量，包括城镇和农村生活污水污染物排放量。

生活及其他废气污染物排放量　指调查年度内除工业重点调查单位以外的能源（煤炭和天然气）消费过程排入大气的二氧化硫、氮氧化物、颗粒物和挥发性有机物污染物的质量，以及部分生活活动（建筑装饰、餐饮油烟、家庭日化用品、干洗和汽车修补）过程排放的挥发性有机物的质量。

14.4 集中式污染治理设施

14.4.1 污水处理厂

污水处理厂包括城镇污水处理厂、工业废水集中处理厂、农村集中式污水处理设施（日处理能力20 t以上）和其他污水处理设施。

城镇污水处理厂　指对进入城镇污水收集系统的污水进行净化处理的污水处理厂。城镇污水指城镇居民生活污水，机关、学校、医院、商业服务机构及各种公共设施排水，以及允许排入城镇污水收集系统的工业废水和初期雨水。

工业废水集中处理厂　指提供社会化有偿服务，专门从事为工业园区、联片工业企业或周边企业处理工业废水（包括一并处理周边地区生活污水）的集中设施或独立运营的单位，不包括企业内部的污水处理设施。

农村集中式污水处理设施　指乡、村通过管道、沟渠将乡建成区或全村污水进行集中收集后统一处理的污水处理设施或处理厂。

其他污水处理设施　指对不能纳入城市污水收集系统的居民区、风景旅游区、度假村、疗养院、机场、铁路车站以及其他人群聚集地排放的污水进行就地集中处理的设施。

本年运行费用　指调查年度内维持污水处理厂（或处理设施）正常运行所产生的费用。包括能源消耗、设备维修、人员工资、管理费、药剂费及与污水处理厂（或处理设施）运行有关的其他费用等，不包括设备折旧费。

污水处理厂累计完成投资　指截至调查年末调查对象建设实际完成的累计投资额，不包括运行费用。

新增固定资产　指调查年度内交付使用的固定资产价值。对于新建污水处理厂，本年新增固定资产投资等于总投资；对于改建、扩建污水处理厂，本年新增固定资产投资仅指调查年度内交付使用的改建、扩建部分的固定资产投资，属于累计完成投资的一部分。

污水设计处理能力　指截至调查年末调查对象设计建设的设施正常运行时每天能处理的污水量。

污水实际处理量　指调查对象调查年度内实际处理的污水总量。

再生水利用量　指调查对象调查年度内处理后的污水中再回收利用的水量，其中，工业用水量指再生水利用量中用于工业冷却、洗涤、冲渣等方面的水量；市政用水量指再生水利用量中用于消防、城市绿化等市政方面的水量；景观用水量指再生水利用量中用于营造城市景观水体和各种水景构筑物的水量。

污泥产生量　指调查年度内在整个污水处理过程中最终产生污泥的质量。污泥指污水处理厂（或处理设施）在进行污水处理过程中分离出来的固体。

污泥处置量　指调查年度内采用土地利用、填埋、建筑材料利用和焚烧等方法对污泥最终消纳处置的质量。其中，土地利用量指将处理后符合相关要求的污泥产物作为肥料或土壤改良材料，用于园林、绿化或农业等场合的处置方式处置的污泥质量；填埋处置量指采取工程措施将处理后的污泥集中堆、填、埋于场地内的安全处置方式处置的污泥质量；建筑材料利用量指将处理后的污泥作为制作建筑材料的部分原料的处置方式处置的污泥质量；焚烧处置量指利用焚烧炉使污泥完全矿化为少量灰烬的处置方式处置的污泥质量。

污泥倾倒丢弃量　指调查年度内未做处理而将污泥任意倾倒弃置到划定的污泥堆放场所以外的任何区域的量。

14.4.2　生活垃圾处理场（厂）

生活垃圾处理场（厂）包括生活垃圾填埋场（厂）、堆肥场（厂）、焚烧场（厂）和其他方式处理生活垃圾的处理场（厂）。其中，生活垃圾焚烧场（厂）不包括垃圾焚烧发电厂，垃圾焚烧发电厂纳入工业源调查。

本年运行费用　指调查年度内维持垃圾处理场（厂）正常运行所产生的费用，包括能源消耗、设备维修、人员工资、管理费及与垃圾处理场（厂）运行有关的其他费用等，不包括设备折旧费。

新增固定资产　指调查年度内交付使用的固定资产价值。对于新建垃圾处理场（厂），本年新增固定资产投资等于总投资；对于改建、扩建垃圾处理场（厂），本年新增固定资产投资仅指调查年度内交付使用的改建、扩建部分的固定资产投资，属于累计完成投资的一部分。

渗滤液中污染物排放量　指调查年度内排放的渗滤液中所含的化学需氧量、生化需氧量、总氮、氨氮、总磷和总砷、总汞、总镉、总铅、总铬、六价铬等污染物本身的纯质量。

生活垃圾焚烧废气中污染物排放量　指调查年度内生活垃圾焚烧过程中排放到大气中的废气（包括处理过的、未经过处理的）中所含的二氧化硫、氮氧化物、颗粒物和汞及其化合物（以重金属元素计）的固态、气态污染物的纯质量。

14.4.3　危险废物（医疗废物）集中处理厂

危险废物（医疗废物）集中处理厂包括危险废物集中处理厂、（单独）医疗废物处置厂和协同处置危险废物的企业。

危险废物集中处理厂　指提供社会化有偿服务，将工业企业、事业单位、第三产业或居民生活产生的危险废物集中起来进行焚烧、填埋等处置或综合利用的场所或单位，不包括企业内部自建自用且不提供社会化有偿服务的危险废物处理装置。

医疗废物集中处置厂　指将医疗废物集中起来进行处置的场所，不包括医院自建自用且不提供社会化有偿服务的医疗废物处理设施，但具有危险废物经营许可证的医院纳入调查。

其他企业协同处置　指企事业单位在从事生产过程的同时还接受社会其他单位委托，利用其设施处理危险废物。

本年运行费用 指调查年度内维持危险废物集中处理厂正常运行所产生的费用，包括能源消耗、设备维修、人员工资、管理费及与危险废物集中处理厂运行有关的其他费用等，不包括设备折旧费。

危险废物（医疗废物）集中处理厂累计完成投资 指截至调查年末调查对象建设实际完成的累计投资额，不包括运行费用。

新增固定资产 指调查年度内交付使用的固定资产价值。对于新建危险废物（医疗废物）集中处理厂，本年新增固定资产投资等于总投资；对于改建、扩建危险废物（医疗废物）集中处理厂，本年新增固定资产投资仅指调查年度内交付使用的改建、扩建部分的固定资产投资，属于累计完成投资的一部分。

危险废物处置量 指调查年度内将危险废物焚烧和用其他改变危险废物的物理、化学、生物特性的方法，达到减少已产生的危险废物数量、缩小危险废物体积、减少或者消除其危险成分的活动，或者将危险废物最终置于符合环境保护规定要求的填埋场的活动中，所消纳危险废物的量。

工业危险废物处置量 指调查年度内采用各种方式处置的工业危险废物的总量。医疗废物集中处置厂不填写该项指标。

医疗废物处置量 指调查年度内采用各种方式处置的医疗废物的总量。

其他危险废物处置量 指调查年度内采用各种方式处置的除工业危险废物和医疗废物以外其他危险废物的总质量，如教学科研单位实验室、机械电器维修、胶卷冲洗、居民生活等产生的危险废物。医疗废物集中处置厂不填写该项指标。

危险废物综合利用量 指调查年度内以综合利用方式处理的危险废物总质量。

渗滤液中污染物排放量 指调查年度内排放的渗滤液中所含的化学需氧量、生化需氧量、总氮、氨氮、总磷、挥发酚、氰化物和总砷、总铅、总镉、总铬、六价铬和总汞等污染物本身的纯质量。

焚烧废气中污染物排放量 指调查年度内危险废物焚烧过程中排放到大气中的废气（包括处理过的、未经过处理的）中所含的二氧化硫、氮氧化物、颗粒物和汞、镉、铅等重金属及其化合物（以重金属元素计）的固态、气态污染物的纯质量。

14.5 移动源

机动车 指以动力装置驱动或者牵引，上道路行驶的供人员乘用或者用于运送物品以及进行工程专项作业的轮式车辆，包括汽车、低速汽车和摩托车。非道路移动机械、厂内自用、未在交管部门登记注册的机动车等不纳入排放源统计调查范围。

移动源废气污染物排放量 指调查年度内机动车行驶过程排入大气的氮氧化物、颗粒物和挥发性有机物的质量。

14.6　化学品环境国际公约管控物质生产或库存总体情况

全氟辛基磺酸及其盐类和全氟辛基磺酰氟、六溴环十二烷、十溴二苯醚、短链氯化石蜡、全氟辛酸及其相关化合物的定义和范围依照《关于持久性有机污染物的斯德哥尔摩公约》及其修正案（中文版）中的规定。汞的定义和范围依照《关于汞的水俣公约》（中文版）中的规定。

14.7　生态环境管理

微信举报数　指调查年度内本级生态环境部门通过微信受理的所有群众举报件数。包括已受理但未办结的举报件，但不包含非本统计年受理而在本统计年内办理或办结的举报件。

网络举报数　指调查年度内本级生态环境部门通过网络平台受理的所有群众举报件数。包括已受理但未办结的举报件，但不包含非本统计年受理而在本统计年内办理或办结的举报件。

来信、来访已办结数　指调查年度内信访件办理部门（单位）已办理完成的数量，即对信访件交办单位或信访人已有回复意见的信访件数量。承办上级交办的信访件不统计，一次提出多个问题的信访件必须所有问题全部回复方可统计为已办结数。

承办的人大建议数　指国家、省、市、县生态环境部门承办的本年度本级人大代表建议数总和。

承办的政协提案数　指国家、省、市、县生态环境部门承办的本年度本级政协提案数总和。

当年开展强制性清洁生产审核企业数　指调查年度内本级生态环境部门组织开展强制性清洁生产审核评估的企业数，包括通过评估和未通过评估的企业总数，以生态环境部门出具的评估意见或结论时间为准。

海洋石油勘探开发污染物排放入海情况中：

生产水　指海上钻井平台、油气生产设施等在生产、勘探过程中产生的废水。

泥浆　指钻井泥浆，用于石油勘探开发钻井过程中润滑和冷却钻头、平衡地层压力和稳定井壁，由水或油、黏土、化学处理剂及一些惰性物质组成的混合物。

钻屑　指在钻井过程中，钻头在地层研磨、切削破碎后，由钻井液从井内带至地面的岩石碎块。

机舱污水　指施工船舶在海洋石油勘探作业航行过程中所产生的废水（包含燃料油、润滑油等残留污水）。

食品废弃物　指可食用物在烹煮前食材物料处理所剩，或食用后所剩之统称。

生活污水　指海上钻井平台、油气生产设施区内厨房、洗手间排放的含有洗涤剂的污水，厕所排出的含粪、尿的污水以及医疗室排出的废水。

当年建设项目环境影响评价文件审批数　指调查年度内批复的建设项目环境影响报告书和环境影响报告表数量，包含非本年度受理但在本年度批复的项目数量。

当年建设项目环境影响登记表备案数　指调查年度内备案的建设项目环境影响登记表数量。

当年审批的建设项目投资总额　指调查年度内批复环评文件的建设项目投资总额，包含非本年度受理但在本年度批复环评文件的项目。

当年审批的建设项目环保投资总额　指调查年度内批复环评文件的建设项目环保投资总额，包含非本年度受理但在本年度批复环评文件的项目。

环境监测用房面积　指开展环境监测工作所需的实验室用房、监测业务用房、监测站房等面积，包括租赁用房。

环境监测业务经费　指各级生态环境部门环境监测业务经费保障情况。其中，本级经费包括应列入本级财政预算的人员经费、公用经费、行政事业类项目经费、能力建设项目经费及科研经费等；专项经费包括上级补助性收入、专项转移支付资金、专项课题经费等；事业收入指开展监测服务活动所取得的收入。

监测仪器设备台（套）数　指基本仪器设备、应急监测仪器设备和专项监测仪器设备等各类监测仪器设备的数量。

监测仪器设备原值总值　指基本仪器设备、应急监测仪器设备和专项监测仪器设备等各类监测仪器设备的购置总金额。

环境空气监测点位数　指按照《环境空气质量监测点位布设技术规范（试行）》建设，包含环境空气质量评价城市点、环境空气质量评价区域点、环境空气质量背景点、污染监控点、路边交通点等已建成并使用的监测点位。

其中：

国控监测点位数　指位于本辖区、由国家批准纳入国家城市环境空气质量监测网络的空气监测点位数。

酸雨监测点位数　指研究酸雨的时空分布及长期变化的酸雨观测站。

沙尘天气影响环境质量监测点位数　指监测沙尘天气对环境质量影响的监测点位。

地表水水质监测断面（点位）数　指用于对江河、湖泊、水库和渠道的水质监测，包括向国家直接报送监测数据的国控网站、省级、市级、县级控制断面（或垂线）的水质监测点位（断面）。

其中：

国控断面（点位）数　指位于本辖区、由国家组织实施监测的，为反映水体水质状况而设置的监测断面（点位）数。

集中式饮用水水源地监测点位数　指用以监控水源水质变化情况及趋势，为防控风险而设立的监测断面数，包括地表水饮用水水源地和地下水饮用水水源地。

其中：

地表水监测点位数　指位于本辖区、为反映地表水集中式饮用水水源地水质状况而设置的监测点位数。

162

地下水监测点位数 指位于本辖区、为反映地下水集中式饮用水水源地水质状况而设置的监测点位数。

近岸海域环境监测点位数 指位于本辖区、为反映近岸海域环境质量而布设的环境监测点位数量。

开展声环境质量监测的点位数 指区域噪声、道路交通噪声、功能区环境噪声监测点位的总和。其中：

区域声环境质量监测点位数 指为评价城市环境噪声总体水平而布设的、本级承担监测任务的监测点位数。

道路交通声环境监测点位数 指为评价城市道路交通噪声源总体水平而布设的、本级承担监测任务的监测点位数。

功能区声环境质量监测点位数 指为评价声环境功能区昼、夜间达标情况而布设的、本级承担监测任务的监测点位数。

已实施自动监控的重点排污单位数 指根据污染源自动监控工作进展情况，至本调查年度末已经实现自动监控的重点排污单位数。

水排放口数 指已实施自动监控的重点排污单位中实施自动监控的水排放口数。

气排放口数 指已实施自动监控的重点排污单位中实施自动监控的气排放口数。

化学需氧量（COD）监控设备与生态环境部门稳定联网数 指已实施自动监控的重点排污单位中，其化学需氧量自动监控设备正常运行、自动监控数据（浓度和排放量）能通过数据采集与传输设备与生态环境部门稳定联网报送的企业数。

氨氮（NH₃-N）监控设备与生态环境部门稳定联网数 指已实施自动监控的重点排污单位中，其氨氮自动监控设备正常运行、自动监控数据（浓度和排放量）能通过数据采集与传输设备与生态环境部门稳定联网报送的企业数。

二氧化硫（SO₂）监控设备与生态环境部门稳定联网数 指已实施自动监控的重点排污单位中，其二氧化硫自动监控设备正常运行、自动监控数据（浓度和排放量）能通过数据采集与传输设备与生态环境部门稳定联网报送的企业数。

氮氧化物（NOₓ）监控设备与生态环境部门稳定联网数 指已实施自动监控的重点排污单位中，其氮氧化物自动监控设备正常运行、自动监控数据（浓度和排放量）能通过数据采集与传输设备与生态环境部门稳定联网报送的企业数。

烟尘监控设备与生态环境部门稳定联网数 指已实施自动监控的重点排污单位中，其烟尘自动监控设备正常运行、自动监控数据（浓度和排放量）能通过数据采集与传输设备与生态环境部门稳定联网报送的企业数。

纳入日常监管随机抽查信息库的污染源数 指调查年度内生态环境部门按照《关于在污染源日常环境监管领域推广随机抽查制度的实施方案》要求，列入污染源日常监管动态信息库的排污单位数量。

日常监管随机抽查污染源数　指调查年度内生态环境部门按照《关于在污染源日常环境监管领域推广随机抽查制度的实施方案》要求，在日常监管中随机抽查污染源的数量。

　　下达处罚决定书数　指调查年度内生态环境部门下达行政处罚决定书的数量。

　　罚没款数额　指调查年度内生态环境部门罚没款的总额。

　　举办环境执法岗位培训班期数　指调查年度内生态环境部门举办环境执法岗位培训班期数。

　　环境执法岗位培训人数　指调查年度内参加环境执法岗位培训并考核通过的人数。

　　举办其他环境执法业务培训期数　指调查年度内环境执法机构组织的除岗位培训外的其他业务培训班期数。

　　环境执法其他业务培训人数　指调查年度内环境执法机构举办的其他业务培训的参加人数。

　　当年突发环境事件数　指调查年度内本级生态环境部门处置的所有突发环境事件数。包括已处置但未办结的突发环境事件，但不包含非本统计年发生而在本统计年内处置或办结的突发环境事件。